水利水电工程施工技术全书

第三卷 混凝土工程

第六册

钢筋与预埋件

姬脉兴 等 编著

中国水利水电出版社
www.waterpub.com.cn

内 容 提 要

　　本书是《水利水电工程施工技术全书》第三卷《混凝土工程》中的第六册。本书系统阐述了钢筋与预埋件的施工技术和方法。主要内容包括：钢筋、土建预埋件、金属结构及机电一期埋件、质量控制、安全管控。

　　本书可作为水利水电工程施工领域的工程技术人员、工程管理人员和高级技术工人的工具书。也可供从事水利水电工程科研、设计、建设及运行管理和相关企事业单位的工程技术人员、工程管理人员使用，并可作为大专院校水利水电工程专业师生教学参考书。

图书在版编目（CIP）数据

　　钢筋与预埋件 / 姬脉兴等编著. -- 北京 : 中国水利水电出版社，2016.4（2017.8重印）
　　（水利水电工程施工技术全书. 第三卷. 混凝土工程；6）
　　ISBN 978-7-5170-4237-2

　　Ⅰ．①钢… Ⅱ．①姬… Ⅲ．①钢筋②预埋件 Ⅳ．①TU755

　　中国版本图书馆CIP数据核字（2016）第077965号

书　　　名	水利水电工程施工技术全书 **第三卷　混凝土工程** **第六册　钢筋与预埋件**
作　　　者	姬脉兴　等　编著
出 版 发 行	中国水利水电出版社 （北京市海淀区玉渊潭南路1号D座　100038） 网址：www.waterpub.com.cn E-mail：sales@waterpub.com.cn 电话：（010）68367658（营销中心）
经　　　售	北京科水图书销售中心（零售） 电话：（010）88383994、63202643、68545874 全国各地新华书店和相关出版物销售网点
排　　　版	中国水利水电出版社微机排版中心
印　　　刷	北京纪元彩艺印刷有限公司
规　　　格	184mm×260mm　16开本　9.25印张　220千字
版　　　次	2016年4月第1版　2017年8月第2次印刷
印　　　数	2001—4000册
定　　　价	**38.00元**

《水利水电工程施工技术全书》
编审委员会

顾　　问：潘家铮　中国科学院院士、中国工程院院士
　　　　　谭靖夷　中国工程院院士
　　　　　陆佑楣　中国工程院院士
　　　　　郑守仁　中国工程院院士
　　　　　马洪琪　中国工程院院士
　　　　　张超然　中国工程院院士
　　　　　钟登华　中国工程院院士
　　　　　缪昌文　中国工程院院士
名誉主任：范集湘　丁焰章　岳　曦
主　　任：孙洪水　周厚贵　马青春
副 主 任：宗敦峰　江小兵　付元初　梅锦煜
委　　员：（以姓氏笔画为序）

丁焰章	马如骐	马青春	马洪琪	王　军	王永平
王亚文	王鹏禹	付元初	江小兵	刘永祥	刘灿学
吕芝林	孙来成	孙志禹	孙洪水	向　建	朱明星
朱镜芳	何小雄	和孙文	陆佑楣	李友华	李志刚
李丽丽	李虎章	沈益源	汤用泉	吴光富	吴国如
吴高见	吴秀荣	肖恩尚	余　英	陈　茂	陈梁年
范集湘	林友汉	张　晔	张为明	张利荣	张超然
周　晖	周世明	周厚贵	宗敦峰	岳　曦	杨　涛
杨成文	郑守仁	郑桂斌	钟彦祥	钟登华	席　浩
夏可风	涂怀健	郭光文	常焕生	常满祥	楚跃先
梅锦煜	曾　文	焦家训	戴志清	缪昌文	谭靖夷
潘家铮	衡富安				

主　　编：孙洪水　周厚贵　宗敦峰　梅锦煜　付元初　江小兵
审　　定：谭靖夷　郑守仁　马洪琪　张超然　梅锦煜　付元初
　　　　　周厚贵　夏可风
策　　划：周世明　张　晔
秘 书 长：宗敦峰（兼）
副秘书长：楚跃先　郭光文　郑桂斌　吴光富　康明华

《水利水电工程施工技术全书》
各卷主（组）编单位和主编（审）人员

卷序	卷名	组编单位	主编单位	主编人	主审人
第一卷	地基与基础工程	中国电力建设集团（股份）有限公司	中国电力建设集团（股份）有限公司 中国水电基础局有限公司 葛洲坝基础公司	宗敦峰 肖恩尚 焦家训	谭靖夷 夏可风
第二卷	土石方工程	中国人民武装警察部队水电指挥部	中国人民武装警察部队水电指挥部 中国水利水电第十四工程局有限公司 中国水利水电第五工程局有限公司	梅锦煜 和孙文 吴高见	马洪琪 梅锦煜
第三卷	混凝土工程	中国电力建设集团（股份）有限公司	中国水利水电第四工程局有限公司 中国葛洲坝集团有限公司 中国水利水电第八工程局有限公司	席　浩 戴志清 涂怀健	张超然 周厚贵
第四卷	金属结构制作与机电安装工程	中国能源建设集团（股份）有限公司	中国葛洲坝集团有限公司 中国电力建设集团（股份）有限公司 中国葛洲坝建设有限公司	江小兵 付元初 张　晔	付元初
第五卷	施工导（截）流与度汛工程	中国能源建设集团（股份）有限公司	中国能源建设集团（股份）有限公司 中国葛洲坝集团有限公司 中国水利水电第八工程局有限公司	周厚贵 郭光文 涂怀健	郑守仁

《水利水电工程施工技术全书》
第三卷《混凝土工程》编委会

主　　编：席　浩　戴志清　涂怀健

主　　审：张超然　周厚贵

委　　员：（以姓氏笔画为序）

　　　　　牛宏力　王鹏禹　刘加平　刘永祥　刘志和

　　　　　向　建　吕芝林　朱明星　李克信　肖炯洪

　　　　　姬脉兴　席　浩　涂怀健　高万才　黄　巍

　　　　　戴志清　魏　平

秘 书 长：李克信

副秘书长：姬脉兴　赵海洋　黄　巍　赵春秀　李小华

《水利水电工程施工技术全书》
第三卷《混凝土工程》
第六册《钢筋与预埋件》
编写人员名单

主　　编：姬脉兴

审　　稿：王鹏禹

编写人员：姬脉兴　杨茂杰　王再明　杨　波

　　　　　盛连才　王振成　马曦伟　李建平

　　　　　罗卫东　李　海　邹振忠

序 一

　　水利水电工程建设在我国作为一项基础建设事业，已经走过了近百年的历程，这是一条不平凡而又伟大的创业之路。

　　新中国成立66年来，党和国家领导一直高度重视水利水电工程建设，水电在我国已经成为了一种不可替代的清洁能源。我国已经成为世界上水电装机容量第一位的大国，水利水电工程建设不论是规模还是技术水平，都处于国防领先或先进水平，这是几代水利水电工程建设者长期艰苦奋斗所创造出来的。

　　改革开放以来，特别是进入21世纪以后，我国的水利水电工程建设又进入了一个前所未有的高速发展时期。到2014年，我国水电总装机容量突破3亿kW，占全国电力装机容量的23%。发电量也历史性地突破31万亿kW·h。水电作为我国当前重要的可再生能源，为我国能源电力结构调整、温室气体减排和气候环境改善做出了重大贡献。

　　我国水利水电工程建设在新技术、新工艺、新材料、新设备等方面都取得了突破性的进展，无论是技术、工艺，还是在材料、设备等方面，都取得了令人瞩目的成就，它不仅推动了技术创新市场的活跃和发展，也推动了水利水电工程建设的前进步伐。

　　为了对当今水利水电工程施工技术进展进行科学的总结，及时形成我国水利水电工程施工技术的自主知识产权和满足水利水电建设事业的工作需要，全国水利水电施工技术信息网组织编撰了《水利水电工程施工技术全书》。该全书编撰历时5年，在编撰过程中组织了一大批长期工作在工程建设一线的中青年技术负责人和技术骨干执笔，并得到了有关领导、知名专家的悉心指导和审定，遵循"简明、实用、求新"的编撰原则，立足于满足广大水利水电工程技术人员的实际工作需要，并注重参考和指导价值。该全书内容涵盖了水利水电工程建设地基与基础工程、土石方工程、混凝土工程、金属结构制作与机电安装工程、施工导（截）流与度汛工程等内容的目标任务、原理方法及工程实例，既有理论阐述，又有实例介绍，重点突出，图文并茂，针对性及可操作性强，对今后的水利水电工程建设施工具有重要指导作用。

《水利水电工程施工技术全书》是对水利水电施工技术实践的总结和理论提炼，是一套具有权威性、实用性的大型工具书，为水利水电工程施工"四新"技术成果的推广、应用、继承、创新提供了一个有效载体。为大力推动水利水电技术进步和创新，推进中国水利水电事业又好又快地发展，具有十分重要的现实意义和深远的科技意义。

水利水电工程是人类文明进步的共同成果，是现代社会发展对保障水资源供给和可再生能源供应的基本需求，水利水电工程施工技术在近代水利水电工程建设中起到了重要的推动作用。人类应对全球气候变化的共识之一是低碳减排，尽可能多地利用绿色能源就成为重要选择，太阳能、风能及水能等成为首选，其中水能蕴藏丰富、可再生性、技术成熟、调度灵活等特点成为最优的绿色能源。随着水利水电工程建设与管理技术的不断发展，水利水电工程，特别是一些高坝大库能有效利用自然条件、降低开发运行成本、提高水库综合效能，高坝大库的（高度、库容）记录不断被刷新。特别是随着三峡、拉西瓦、小湾、溪洛渡、锦屏、向家坝等一批大型、特大型水利水电工程相继建成并投入运行，标志着我国水利水电工程技术已跨入世界领先行列。

近年来，我国水利水电工程施工企业积极实施走出去战略，海外市场开拓业绩突出。目前，我国水利水电工程施工企业在亚洲、非洲、南美洲多个国家承建了上百个水利水电工程项目，如尼罗河上的苏丹麦洛维水电站、号称"东南亚三峡工程"的马来西亚巴贡水电站、巨型碾压混凝土坝泰国科隆泰丹水利工程、位居非洲第一水利枢纽工程的埃塞俄比亚泰克泽水电站等，"中国水电"的品牌价值已被全球业内所认可。

《水利水电工程施工技术全书》对我国水利水电施工技术进行了全面阐述。特别是在众多国内外大型水利水电工程成功建设后，我国水利水电工程施工人员创造出一大批新技术、新工法、新经验，对这些内容及时总结并公开出版，与全体水利水电工作者分享，这不仅能促进我国水利水电行业的快速发展，提高水利水电工程施工质量，保障施工安全，规范水利水电施工行业发展，而且有助于我国水利水电行业走进更多国际市场，展示我国水利水电行业的国际形象和实力，提高我国水利水电行业在国际上的影响力。

该全书的出版不仅能提高水利水电工程施工的技术水平，而且有助于提高我国水利水电行业在国内、国际上的影响力，我在此向广大水利水电工程建设者、工程技术人员、勘测设计人员和在校的水利水电专业师生推荐此书。

2015 年 4 月 8 日

序 二

《水利水电工程施工技术全书》作为我国水利水电工程技术综合性大型工具书之一，与广大读者见面了！

这是一套非常好的工具书，它也是在《水利水电工程施工手册》基础上的传承、修订和创新。集中介绍了进入21世纪以来我国在水利水电施工领域从施工地基与基础工程、土石方工程、混凝土工程、金属结构制作与机电安装工程、施工导（截）流与度汛工程等方面采用的各类创新技术，如信息化技术的运用：在施工过程模拟仿真技术、混凝土温控防裂技术与工艺智能化等关键技术，应用了数字信息技术、施工仿真技术和云计算技术，实现工程施工全过程实时监控，使现代信息技术与传统筑坝施工技术相结合，提高了混凝土施工质量，简化了施工工艺，降低了施工成本，达到了混凝土坝快速施工的目的；再如碾压混凝土技术在国内大规模运用：节省了水泥，降低了能耗，简化了施工工艺，降低了工程造价和成本；还有，在科研、勘察设计和施工一体化方面，数字化设计研究面向设计施工一体化的三维施工总布置、水工结构、钢筋配置、金属结构设计技术，推广复杂结构三维技施设计技术和前期项目三维枢纽设计技术，形成建筑工程信息模型的协同设计能力，推进建筑工程三维数字化设计移交标准工程化应用，也有了长足的进步。因此，在当前形势下，编撰出一部新的水利水电施工技术大型工具书非常必要和及时。

随着水利水电工程施工技术的不断推进，必然会给水利水电施工带来新的发展机遇。同时，也会出现更多值得研究的新课题，相信这些都将对水利水电工程建设事业起到积极的促进作用。该全书是当今反映水利水电工程施工技术最全、最新的系列图书，体现了当前水利水电最先进的施工技术，其中多项工程实例都是曾经创造了水利水电工程的世界纪录。该全书总结的施工技术具有先进性、前瞻性，可读性强。该全书的编者们都是参加过我国大型水利水电工程的建设者，有着非常丰富的各专业施工经验。他们以高度的社会责任感和使命感、饱满的工作热情和扎实的工作作风，大力发展和创新水电科学技术，为推进我国水利水电事业又好又快地发展，做出了新的贡献！

近年来，我国水利水电工程建设快速发展，各类施工技术日臻成熟，相继建成了三峡、龙滩、水布垭等具有代表性的水电工程，又有拉西瓦、小湾、溪洛渡、锦屏、糯扎渡、向家坝等一批大型、特大型水电工程，在施工过程中总结和积累了大量新的施工技术，尤其是混凝土温控防裂的施工方法在三峡水利枢纽工程的成功应用，高寒地区高拱坝冬季施工综合技术在拉西瓦等多座水电站工程中的应用……，其中的多项施工技术获得过国家发明专利，达到了国际领先水平，为今后水利水电工程施工提供了参考与借鉴。

目前，我国水利水电工程施工技术已经走在了世界的前列，该全书的出版，是对我国水利水电工程建设领域的一大贡献，为后续在水利水电开发，例如金沙江上游、长江上游、通天河、黄河上游的水电开发、南水北调西线工程等建设提供借鉴。该全书可作为工具书，为广大工程建设者们提供一个完整的水利水电工程施工理论体系及工程实例，对今后水利水电工程建设具有指导、传承和促进发展的显著作用。

《水利水电工程施工技术全书》的编撰、出版是一项浩繁辛苦的工作，也是一项具有创造性的劳动过程，凝聚了几百位编、审人员近5年的辛勤劳动，克服各种困难。值此该全书出版之际，谨向所有为该全书的编撰给予关心、支持以及为此付出了辛勤劳动的领导、专家和同志们表示衷心的感谢！

2015 年 4 月 18 日

前　言

由全国水利水电施工技术信息网组织编写的《水利水电工程施工技术全书》第三卷《混凝土工程》共分十二册,《钢筋与预埋件》为第六册,由中国水利水电第三工程局有限公司编撰。

钢筋按外观形态分类有圆钢筋和带肋钢筋,带肋钢筋可以增强与混凝土之间的摩擦系数,使钢筋混凝土结构构件更加安全牢固。按加工处理方法分类有热轧钢筋和冷拉钢筋。冷轧成型钢允许截面出现局部屈曲,从而可以充分利用杆件屈曲后的承载力;而热轧型钢不允许截面发生局部屈曲。热轧型钢和冷轧型钢残余应力产生的原因不同,所以截面上的分布也有很大差异。冷弯薄壁型钢截面上的残余应力分布是弯曲型的,而热轧型钢或焊接型钢截面上残余应力分布是薄膜型。热轧型钢的自由扭转刚度比冷轧型钢高,所以热轧型钢的抗扭性能要优于冷轧型钢。

钢筋在混凝土中作用很大,根据钢筋类型及位置的不同,用途也很多。承受拉、压应力的钢筋称为受力筋;承受一部分斜拉应力,并固定受力筋的位置,多用于梁和柱内的称为箍筋;用以固定梁内钢箍的位置,构成梁内的钢筋骨架的称为架立筋;用于屋面板、楼板内,与板的受力筋垂直布置,将承受的重量均匀地传给受力筋,并固定受力筋的位置,以及抵抗热胀冷缩所引起的温度变形的称为分布筋;因构件构造要求或施工安装需要而配置的其他构造筋,如腰筋、预埋锚固筋、预应力筋、环等。

铁件预埋件主要用于连接结构以外的钢构所用,通常由钢板和锚爪焊接而成,锚爪通常用未冷拉过的 Q235 钢筋制成(即盘圆钢筋),锚爪埋入混凝土内,钢板通常与现浇结构相平,用以连接外部的钢构。在施工质量上,通常需要控制预埋铁件的位置及平整度,在大型的钢结构工程中,这一点非常重要。为了防止预埋铁件生锈，规范中要求，外露铁件还必须做防锈处理。

金属结构的一期埋件主要是设备固定、通道及密封等作用，其中地脚螺栓与埋板及插筋是用来固定设备的，而轨道、底坎、门楣等则是起到通道与密封的作用。机电一期埋件中主要作用是用于设备的固定或者通道的作用，其中地脚螺栓，基础埋板与插筋是作为固定设备基础的。在结构中预埋管（常见的是钢管、铸铁管或PVC管）是用来穿管或留洞口为设备服务的通道。比如在后期穿各种管线用的（如强弱电、给水、煤气等），常用于混凝土墙梁上的管道预留孔。

本书在编写过程中，进行了广泛的调查研究，总结了多年来水利水电施工钢筋与预埋件方面的经验，结合了近年来的工程实例，在编写过程中突出实用性，使读者能更好地理解和掌握钢筋与预埋件知识。

本册的编撰人员都是长期从事钢筋与预埋件的专业施工、科研工作，既具有扎实的理论研究水平，又具有丰富的实际工作经验的专业技术人员。

本书在编写过程中得到了何为桢、徐保国、马锡庆、马向丕等专家的大力支持，在此表示感谢。

由于编者水平有限，书中难免存在不妥之处，敬请有关专家学者和广大读者不吝赐教。

作者

2014 年 11 月 30 日

目　录

1 钢 筋

1.1 定义

钢筋是配置在钢筋混凝土及预应力钢筋混凝土构件中的钢条或钢丝的总称。

1.2 分类

钢筋种类很多，通常按化学成分、生产工艺、轧制外形、供应形式、直径大小以及在结构中的作用进行分类。

1.2.1 轧制外形

（1）光面钢筋：Ⅰ级钢筋，均轧制为光面圆形截面。

（2）带肋钢筋：有螺旋形、人字形和月牙形三种，一般Ⅱ级、Ⅲ级钢筋轧制成月牙肋，Ⅳ级钢筋轧制成螺旋肋及月牙肋。

（3）钢线（分低碳钢丝和碳素钢丝两种）及钢绞线。

（4）冷轧扭钢筋：经冷轧并冷扭成型。

1.2.2 直径大小

钢丝（直径 3～5mm）、细钢筋（直径 6～10mm）、一般钢筋（直径 12～22mm）、粗钢筋（直径大于 22mm）。

1.2.3 力学性能

Ⅰ级钢筋（235/370 级）、Ⅱ级钢筋（335/510 级）、Ⅲ级钢筋（370/570）和Ⅳ级钢筋（540/835）。

1.2.4 生产工艺

热轧、冷轧、冷拉钢筋，还有以Ⅳ级钢筋经热处理而成的热处理钢筋，强度比前者更高。

1.2.5 在结构中的作用

受力钢筋、箍筋、架立钢筋、分布钢筋、其他钢筋。

（1）受力钢筋：承受拉、压应力的钢筋。

（2）箍筋：承受一部分斜拉应力，并固定受力筋的位置，多用于梁和柱内。

（3）架立钢筋：用以固定支撑钢筋的位置，构成钢筋骨架，常用于施工安装需要。

（4）分布钢筋：与受力筋垂直布置，将荷载均匀地传给受力筋，并固定受力筋的位置，以及抵抗热胀冷缩所引起的温度变形。

（5）其他钢筋：因构件构造要求或施工安装需要而配置的构造筋。如插筋、预埋锚固筋、预应力筋、吊环等。

1.3　材质及检验

1.3.1　钢筋材质

（1）用于水工混凝土结构的材质应符合《低碳钢热轧圆盘条》（GB/T 701—2008）、《钢筋混凝土用钢　第1部分：热轧光圆钢筋（附第1号修改单）》（GB 1499.1—2008）、《钢筋混凝土用钢　第2部分：热轧带肋钢筋》（GB 1499.2—2007）、《钢筋混凝土用钢　第3部分：钢筋焊接网》（GB 1499.3—2010）、《钢筋混凝土用余热处理钢筋》（GB 13014—2013）、《冷轧带肋钢筋》（GB 13788—2008）和冷拉Ⅰ级钢筋的规定要求。

（2）用于水工混凝土的低碳热轧圆盘条钢筋只限于Q235牌号；冷轧带肋钢筋只限于LL550（4mm≤d≤12mm）牌号；冷拉钢筋只限于Ⅰ级（d≤12mm）钢筋。

（3）水工混凝土结构所有的钢筋，除应符合现行国家的标准规定外，其种类、钢号、直径等还应符合《水工混凝土钢筋施工规范》（DL/T 5169—2013）及有关设计文件要求。水工钢筋主要机械性能见表1-1，水工钢筋的主要化学成分见表1-2。

表 1-1　　　　　　　　　　　水工钢筋主要机械性能表

表面形状	钢筋级别	牌号	钢筋直径/mm	屈服点 σ_s/MPa	抗拉强度 σ_b/MPa	伸长率/% δ_5	伸长率/% δ_{10}	冷弯（D为弯心直径；d为钢筋直径）
				不小于				
光圆	Ⅰ	HPB235	6～40	235	370	25	22	180° D=d
月牙肋	Ⅱ	HRB335	6～25	335	490	16	—	180° D=3d
			28～50					180° D=4d
	Ⅲ	HRB400	6～25	400	570	14		90° D=4d
			28～50					90° D=5d
		HRB500	6～25	500	630	12		90° D=6d
			28～50					90° D=7d
		KL400	8～25	440	600	14		90° D=3d
			28～40					90° D=4d
冷轧带肋		LL550	4～12	500	550	—	8	180° D=3d
冷拉钢筋	Ⅰ		d≤12	280	370		11	180° D=3d

注　1. 直径 d>25mm 的钢筋作冷弯试验时，弯心直径增加一个 d。
　　2. 经供需双方协议，可以做低温（0℃、−20℃、−40℃）冲击试验，其数据不作为验收依据。

1.3.2　钢筋检验

（1）对不同厂家、不同规格的钢筋应分批按国家对钢筋检验的现行规定进行检验，检验合格的钢筋方可用于加工。检验时以 60t 同一炉（批）号、同一规格尺寸的钢筋为一批（质量不足 60t 时仍按一批计），随意选取两根外部质量检查和直径测量合格的钢筋，各截取一个抗拉试件和冷弯试件进行检验，采取的试件应有代表性，不得在同一根钢筋上取两根或两根以上同用途试件。

（2）钢筋的机械性能检验应遵循下列规定：

1）钢筋取样时，钢筋端部要先截去 500mm 再取试样，每组试样要分别标记，不得混淆。

2）在拉力检验项目中，应包括屈服点、抗拉强度和伸长率三个指标。如有一个指标不符合规定，即认为拉力检验项目不合格。

3）冷弯试件弯曲后，不应有裂纹、剥落或断裂。

4）钢筋的检验，如果有任何一个检验项目的任何一个试件不符合表 1-2 所规定的数值时，则应另取两倍数量的试件，对不合格项目进行第二次检验，如果第二次检验中还有试件不合格，则该批钢筋为不合格。

表 1-2　　　　　　　　　　　　　　水工钢筋主要化学成分表

表面形状	钢筋级别	牌号	原牌号	化学成分/%							
				C	Si	Mn	V	Nb	Ti	P	S
										不大于	
光圆	I	HPB235	Q235	0.14~0.22	0.12~0.30	0.30~0.65	—	—	—	0.045	0.05
月牙肋	II	HRB335	20MnSi	0.17~0.25	0.40~0.80	1.20~1.60				0.045	0.045
	III	HRB400	20MnSiV	0.17~0.25	0.20~0.80	1.20~1.60	0.04~0.12	—	—	0.045	0.045
			20MnNb	0.17~0.25	0.20~0.80	1.20~1.60		0.02~0.04	—		
			20MnTi	0.17~0.25	0.17~0.80	1.20~1.60			0.02~0.05		
		HRB500	40Si₂MnV	0.25	0.80	1.60	0.045	0.045	0.045		
			45SiMnV								
			45Si₂MnTi								
冷轧带肋		LL550		0.09~0.15	≤0.30	0.25~0.55	—	—	—	0.045	0.05
冷拉 I 级				0.14~0.22	0.12~0.30	0.30~0.65				0.045	0.05

注　1. 用侧吹碱性转炉冶炼的 AJ_3、AJ_5 钢，其成分应符合《碳素结构钢》（GB/T 700—2006）、《低合金高强度结构钢》（GB/T 1591—2008）的相关规定，且 AJ_5 的硅含量应小于 0.3%。

　　2. 在保证钢筋性能的情况下，各成分下限不作为成品交货条件，但供方须另制定熔炼成分下限作为厂内判定依据。

　　3. 20 锰硅含硅量可以提高到 1.7%；转炉冶炼的 25 锰硅含碳量可以提高 0.03%，含锰量可以提高到 1.7%。

　　4. 钢中的铬、镍、铜的残余量均应不大于 0.3%。用含铜矿石所炼生铁冶炼的钢，铜的含量可大于 0.4%。

　　5. 成品钢筋的化学成分允许误差分别执行 GB/T 700—2006、GB/T 1591—2008 的相关规定。

　　6. 余热处理 III 级钢筋（KL400、20MnSi）的化学成分与热轧 II 级钢筋（RL235、20MnSi）相同。

5）对钢号不明的钢筋，需经检验合格后方可加工使用。检验时抽取的试件不应少于6组，且检验的项目均应满足表1-2的规定数值。

1.4 储存

（1）运入加工现场的钢筋，必须具有出厂质量证明书或试验报告单，每捆（盘）钢筋均应挂上标牌，标牌上应注有厂标、钢号、产品批号、规格、尺寸等项目，在运输和储存时不得损坏和遗失这些标牌。

（2）到货的钢筋应根据所附出厂质量证明书或试验证明单按不同等级、牌号、规格及生产厂家分批验收检查每批钢筋的外观质量，查看锈蚀程度及有无裂缝、结疤、麻坑、气泡、砸碰伤痕等，并应测量钢筋的直径。不符合质量要求的不应使用，或经研究同意后可降级使用。

（3）验收后的钢筋，应按不同等级、牌号、规格及生产厂家分批、分别堆放，不应混杂，且宜立牌以资识别。钢筋应设专人管理，并应建立严格的管理制度。

（4）钢筋宜堆放在料棚内，如条件不具备时，应选择地势较高、无积水、无杂草、且高于地面200mm的地方放置，堆放高度应以最下层钢筋不变形为宜，必要时应加遮盖。

（5）钢筋不应和酸、盐、油等物品存放在一起，堆放地点应远离有害气体，以防钢筋锈蚀或污染。

1.5 代换

钢筋在加工时，由于工地现有钢筋的品种、级别和规格与设计不符，应在不影响使用的条件下进行代换，但代换必须征得工程设计等有关单位的同意。

（1）钢筋代换的基本原则。

1）等强度代换。不同种类的钢筋代换，按抗拉强度相等的原则进行代换。

2）等截面代换。相同种类和级别的钢筋代换，按截面相等的原则进行代换。

（2）钢筋代换前后承载能力应不变，一般应注意下列事项。

1）同级别钢筋代换：直径变化范围不宜超过4mm，代换后钢筋总截面面积与设计文件规定的截面面积之比不应小于98%或大于103%。

2）用高一级钢筋代换低一级钢筋：宜采用改变钢筋直径的方法以保持钢筋间距，部分构件应校核裂缝和变形。

3）钢筋等级的变换不能超过一级：按两者的计算强度进行换算。

4）用较粗的钢筋代替较细的钢筋：代换后的部分钢筋应校核握裹力。

5）设计主筋采取同钢号的钢筋代换时，应满足钢筋最小间距要求，可以用直径比设计钢筋直径大一级和小一级的两种型号钢筋间隔配置代换。

6）如用冷处理钢筋代替设计中的热轧钢筋时，宜采用改变钢筋直径的方法而不宜采用改变钢筋根数的方法来减少钢筋截面积。

7）要遵守钢筋代换的基本原则：①当构件受强度控制时，钢筋可按等强度代换；

②当构件按最小配筋率配筋时，钢筋可按等截面代换；③当构件受裂缝宽度或挠度控制时，代换后应进行裂缝宽度或挠度验算。

8）对一些重要构件，凡不宜用Ⅰ级光面钢筋代替其他钢筋的，不应轻易代换，以免受拉部位的裂缝开展过大。

9）在钢筋代换中不允许改变构件的有效高度，否则就会降低构件的承载能力。

10）对于在施工图纸中，明确不能以其他钢筋进行代换的构件和结构的某些部位，均不应擅自进行代换。

11）钢筋代换后，应满足钢筋构造要求，如钢筋根数、间距、直径、锚固长度等。

（3）钢筋代换方法。钢筋代换可用式（1-1）计算：

$$n_2 \geqslant \frac{n_1 d_1^2 f_{y1}}{d_2^2 f_{y2}} \qquad (1-1)$$

式中　n_1——原设计钢筋根数；

　　　　n_2——代换钢筋根数；

　　　　d_1——原设计钢筋直径；

　　　　d_2——代换钢筋直径；

　　　　f_{y1}——原设计钢筋抗拉强度设计值；

　　　　f_{y2}——代换钢筋抗拉强度设计值（见表1-3）。

式（1-1）有两种特例：

1）设计强度相同、直径不同的钢筋代换可用式（1-2）计算：

$$n_2 \geqslant n_1 \frac{d_1^2}{d_2^2} \qquad (1-2)$$

2）直径相同、强度设计值不同的钢筋代换可用式（1-3）计算：

$$n_2 \geqslant n_1 \frac{f_{y1}}{f_{y2}} \qquad (1-3)$$

表1-3　　　　　　　　　　　钢筋抗拉强度设计值　　　　　　　　　单位：N/mm²

项次	钢筋种类		符号	抗拉强度设计值 f_y	抗压强度设计值 f_y'
1	热轧钢筋	HPB235	Φ	210	210
		HRB335	Φ	300	300
		HRB400	Φ	360	360
		RRB400	Φ	360	360
2	冷轧带肋钢筋	LL550		360	360
		LL650		430	380
		LL800		530	380

1.6　连接

1.6.1　一般要求

（1）钢筋接头宜采用下列方式。

1）在加工厂中有手工电弧焊（搭接焊、帮条焊、熔槽焊、窄间隙焊等）、闪光对头焊接和机械连接（带肋钢筋套筒冷挤压接头、镦粗锥螺纹接头、镦粗直螺纹接头）等，钢筋的交叉连接采用接触点焊（不宜采用手工电弧焊）。

2）在现场施工中有绑扎搭接、手工电弧焊（搭接焊、帮条焊、熔槽焊、窄间隙焊）、气压焊、竖向钢筋接触电渣焊和机械连接（带肋钢筋套筒冷挤压接头、镦粗锥螺纹接头、镦粗直螺纹接头）等。

（2）钢筋接头宜采用焊接接头或机械连接接头，当采用绑扎接头时，应满足下列要求。

1）受拉钢筋直径不大于 22mm，或受压钢筋直径不大于 32mm。

2）其他钢筋直径不大于 25mm。当钢筋直径大于 25mm，采用焊接和机械连接确实有困难时，也可采用绑扎搭接，但要从严控制。

（3）当设计有专门要求时，钢筋接头应按设计要求进行。

（4）不同直径的钢筋接头形式选择，在满足第（2）条规定的情况下可按以下方法进行：

1）直径不大于 28mm 的热轧钢筋接头，可采用手工电弧搭接焊和闪光对焊焊接（工厂接头）；直径大于 28mm 的热轧钢筋接头，可采用熔槽焊、窄间隙焊或帮条焊连接。当不具备施工条件时，也可采用搭接焊。

2）直径为 20～40mm 的钢筋接头宜采用接触电渣焊（竖向）和气压焊连接，但当直径大于 28mm 时，应谨慎使用。可焊性差的钢筋接头不宜采用接触电渣焊和气压焊连接。

3）直径在 16～40mm 范围内的Ⅱ级、Ⅲ级钢筋接头，可采用机械连接。采用套筒挤压连接时，所连接的钢筋端部应事先做好伸入套筒长度的标记；采用直螺纹连接时，应注意使相连两钢筋的螺纹旋入套筒的长度相等。

（5）采用机械连接的钢筋接头的性能指标应达到 A 级标准，经论证确认后，方可采用 B 级、C 级接头。

1）A 级：接头的抗拉强度达到或超过母材抗拉强度标准值，并具有高延性及反复拉压性能。

2）B 级：接头的抗拉强度达到或超过母材屈服强度标准值的 1.35 倍，并具有一定的延性及反复拉压性能。

3）C 级：接头仅能承受压力。

（6）当施工条件受限制，或经专门论证后，钢筋连接形式可以根据现场条件确定。

1.6.2　绑扎接头

（1）钢筋接头采用绑扎接头时，应满足 1.6.1 条（2）款要求。

（2）钢筋接头采用绑扎搭接时，钢筋的接头搭接长度按受拉钢筋最小锚固长度控制，见表 1-4。

（3）受拉区域内的光圆钢筋绑扎接头的末端应做弯钩，螺纹钢筋绑扎接头末端可不做弯钩。

表 1-4

钢筋绑扎接头最小搭接长度表

项次	钢筋类型		混凝土强度等级								
			C15		C20		C25		C30、C35		≥C40	
			受拉	受压	受拉	受压	受拉	受压	受拉	受压	受拉	受压
1	Ⅰ级钢筋		$50d$	$35d$	$40d$	$25d$	$30d$	$20d$	$25d$	$20d$	$25d$	$20d$
2	月牙纹	Ⅱ级钢筋	$60d$	$45d$	$50d$	$35d$	$40d$	$30d$	$40d$	$25d$	$30d$	$20d$
		Ⅲ级钢筋			$55d$	$40d$	$50d$	$35d$	$40d$	$30d$	$35d$	$25d$
3	冷轧带肋钢筋				$50d$	$35d$	$40d$	$30d$	$35d$	$25d$	$30d$	$20d$

注　1. 月牙纹钢筋直径 $d>25$mm 时，最小搭接长度按表中数值增加 $5d$。

　　2. 表中Ⅰ级光圆钢筋的锚固长度值不包括端部弯钩长度，当受压钢筋为Ⅰ级钢筋，末端又无弯钩时，其搭接长度不应小于 $30d$。

　　3. 如在施工中分不清受压区和受拉区时，搭接长度按受拉区处理。

1.6.3　焊接

钢筋焊接方式有电阻点焊、闪光对焊、电弧焊、电渣压力焊、气压焊、预埋件埋弧压力焊等，其中对焊用于接长钢筋、点焊用于焊接钢筋网、埋弧压力焊用于钢筋与钢板焊接、电渣压力焊用于现场焊接竖向钢筋。钢筋焊接方法分类及适用范围见表 1-5。

表 1-5

钢筋焊接方法分类及适用范围表

焊接方法		接头形式	适用范围	
			钢筋级别	钢筋直径 /mm
电阻点焊			HPB235 级、HRB335 级	6～14
			冷轧带肋钢筋	5～12
			冷拔光圆钢筋	4～5
闪光对焊			HPB235 级、HRB335 级 及 HRB400 级	10～40
			RRB400 级	10～25
电弧焊	双面焊		HPB235 级、HRB335 级 及 HRB400 级	10～40
			RRB400 级	10～25
	帮条单面焊		HPB235 级、HRB335 级 及 HRB400 级	10～40
			RRB400 级	10～25

焊接方法	接头形式	适用范围	
		钢级级别	钢筋直径/mm
电弧焊 搭接双面焊	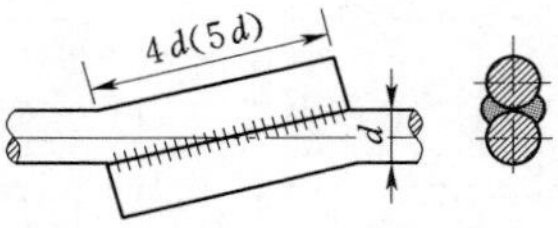	HPB235级、HRB335级及HRB400级	10～40
		RRB400级	10～25
搭接单面焊	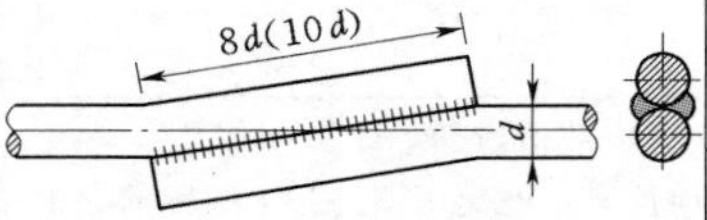	HPB235级、HRB335级及HRB400级	10～40
		RRB400级	10～25
熔槽帮条焊	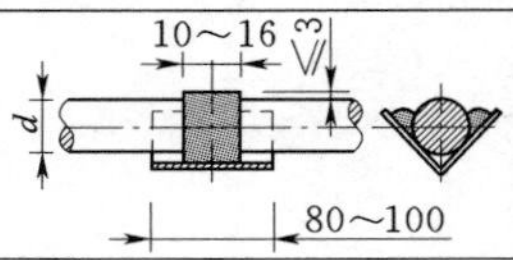	HPB235级、HRB335级及HRB400级	20～40
		RRB400级	20～25
剖口平焊	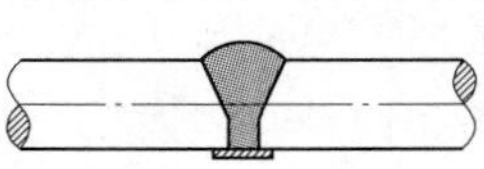	HPB235级、HRB335级及HRB400级	18～40
		RRB400级	18～25
剖口立焊	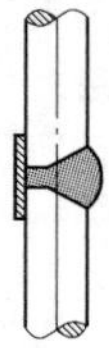	HPB235级、HRB335级及HRB400级	18～40
		RRB400级	18～25
钢筋与钢板搭接焊	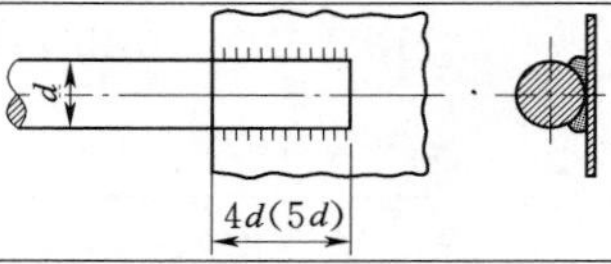	HPB235级、HRB335级	8～40
预埋件角焊	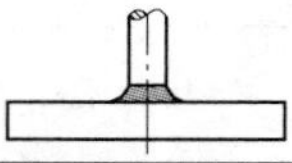	HPB235级、HRB335级	6～25
预埋件穿孔塞焊	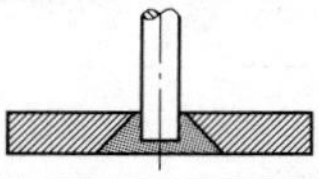	HPB235级、HRB335级	20～25
电渣压力焊	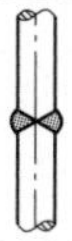	HPB235级、HRB335级	14～40
气压焊	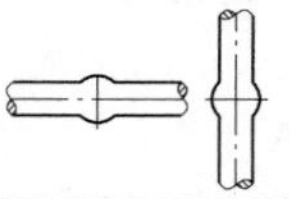	HPB235级、HRB335级、HRB400级	14～40
预埋件埋弧压力焊	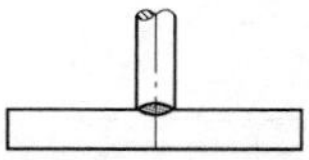	HPB235级、HRB335级	6～25

注 1. 表中的帮条或搭接长度值,不带括弧的数值用于 HPB235 级钢筋,括号中的数值用于 HRB335 级、HRB400级及 RRB400 级钢筋。

2. 表中图中的尺寸为 mm。

8

（1）电阻点焊。钢筋电阻点焊是将两根钢筋安放成交叉叠接形式，压紧于两电极之间，利用电阻热熔化母材金属，加压形成焊点的一种压焊方法。

1）点焊设备。常用的点焊设备主要有单头点焊机和钢筋焊接网成型机等。点焊机主要由点焊变压器、时间调节器、电极和加压机构等部分组成。

A. 常用单头点焊机的技术性能见表 1-6。DN₃-75 型气压传动式点焊机见图 1-1。

表 1-6　　　　　　　　　　常用单头点焊机技术性能表

项次	项目		点　焊　机　型　号			
			SO232A	SO432A	DN₃-75	DN₃-100
1	传动方式		气压传动式			
2	额定容量/kVA		17	21	75	100
3	额定电压/V		380	380	380	380
4	额定暂载率/%		50	50	20	20
5	初级额定电流/A		45	82	198	263
6	较小钢筋最大直径/mm		8～10	10～12	8～10	10～12
7	每小时最大焊点数/(点/h)		900	1800	3000	1740
8	次级电压调节范围/V		1.8～3.6	2.5～4.6	3.33～6.66	3.65～7.3
9	次级电压调节级数/级		6	8	8	8
10	电极臂有效伸长距离/mm		230 ～ 550	500 ～ 800	800	800
11	上电极	工作行程/mm	10～40　22～89	40～120　56～170	20	20
		辅助行程/mm			80	80
12	电极间最大压力/kN		2.64　1.18	2.76　1.95	6.5	6.5
13	电极臂间距离/mm		190～310		380～530	
14	下电极臂垂直调节/mm		190～310	150	150	150
15	压缩空气	压力/(N/mm²)	0.6	0.6	0.55	0.55
		消耗量/(m³/h)	2.15	1	15	15
16	冷却水消耗量/(L/h)		160	160	400	700
17	重量/kg		160	225	800	850
18	外形尺寸	长/mm	765	860	1610	1610
		宽/mm	400	400	730	730
		高/mm	1405	1405	1460	1460

B. 钢筋焊接网成型机：钢筋焊接网成型机是钢筋焊接网生产线的专用设备，采用微机控制，生产效率高，网格尺寸准，能焊接总宽度不大于 3.4m、总长度不大于 12m 的钢筋网。GWC 系列钢筋焊接网成型机主要技术性能见表 1-7。

点焊机用电极，应采用优质紫铜制造，电极槽孔的尺寸应当精确，以保证冷却水的畅通。电极直径，根据所焊的较小钢筋直径选择。所焊钢筋直径为 3～10mm 时，选择 30mm 电极直径；钢筋直径 12～14mm 时，选择 40mm 电极直径。

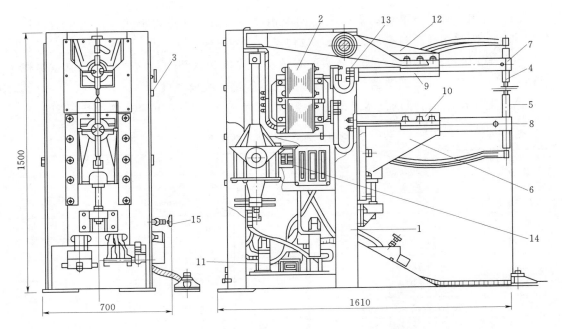

图 1-1　DN₃-75 型气压传动式点焊机示意图（单位：mm）

1—机身；2—变压器；3—转换开关；4—上电极；5—下电极；6—下电极支架；7—上电极臂；

8—下电极臂；9—上电极臂压块；10—下电极臂压块；11—调节级数表；12—杠杆；

13—次级软铜片；14—控制变压器；15—减压阀

表 1-7　　　　　　　　　　　GWC 系列钢筋焊接网成型机主要技术性能表

型　号		GWC1250	GWC1650	GWC2400	GWC3300
最大网宽/mm		1300	1700	2600	3400
焊接钢筋直径/mm		1.5～4	2～8	4～12	4～12
网格宽度/mm	纵向	≥50	≥50	≥100	≥100
	横向	≥20	≥50	≥50	≥50
工作频率/(1/min)		30～90	40～100	40～100	40～100
焊点数/点		≥26	≥34	≥26	≥34

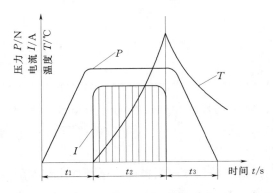

图 1-2　点焊过程示意图

t_1—预压时间；t_2—通电时间；t_3—锻压时间

在点焊生产中，经常保持电极与钢筋之间接触表面的清洁平整。若电极使用变形，应及时修整。

2）点焊工艺。点焊过程可分为预压时间 t_1、通电时间 t_2、锻压时间 t_3 三个阶段，见图 1-2。在通电开始一段时间内，接触点扩大，固态金属因加热膨胀，在焊接压力作用下，焊接处金属产生塑性变形，并挤向工件间隙缝中；继续加热后，开始出现熔化点，并逐渐扩大成所要求的核心尺寸时切断电流。

焊点的压入深度，应符合下列要求：

A. 热轧钢筋点焊时，压入深度为较小钢筋直径的25％～45％。

B. 冷拔光圆钢丝、冷轧带肋钢筋点焊时，压入深度应为较小钢筋直径的25％～40％。

3）焊接方法。点焊时，将表面清理好的钢筋叠合在一起，放在两个电极之间预压夹紧，使两根钢筋交接点紧密接触。当踏下脚踏板时，带动压紧机构使上电极压紧钢筋，同时断路器也接通电路，电流经变压器次级线圈引到电极，接触点处在极短的时间内产生大量的电阻热，使钢筋加热到熔化状态，在压力作用下两根钢筋交叉焊接在一起。当放松脚踏板时，电极松开，断路器随着杠杆下降，断开电路，点焊结束。

4）注意事项。

A. 操作人员必须懂得点焊机的工作原理和正确使用方法，并经过考试合格后方可进行操作。

B. 工作前，应根据焊件的尺寸调好点焊机各个焊接参数（焊接电流、通电时间和电极压力），打开冷却水，进行试焊。试焊合格方可正式焊接成品。

C. 在调节焊接变压器档次时，一定要先切断电源。

D. 上电极的工作行程通过调节气缸下面的两个螺母来调整。

E. 每班工作完毕，必须切断电源。

5）点焊缺陷及消除措施。钢筋点焊生产过程中，应随时检查制品的外观质量，当发现焊接缺陷时，应参照表1-8查找原因，采取措施及时消除。

表1-8   点焊制品焊接缺陷及消除措施表

项次	缺陷种类	产 生 原 因	消 除 措 施
1	焊点过烧	(1) 变压器级数过高； (2) 通电时间太长； (3) 上下电极不对中心； (4) 继电器接触失灵	(1) 降低变压器级数； (2) 缩短通电时间； (3) 切断电源，校正电极； (4) 调节间隙，清理触点
2	焊点脱落	(1) 电流过小； (2) 压力不够； (3) 压入深度不足； (4) 通电时间太短	(1) 提高变压器级数； (2) 加大弹簧压力或调大气压； (3) 调整两电极间距离符合压入深度要求； (4) 延长通电时间
3	表面烧伤	(1) 钢筋和电极接触表面太脏； (2) 焊接时没有预压过程或预压力过小； (3) 电流过大； (4) 电极变形	(1) 清刷电极与钢筋表面的铁锈和油污； (2) 保证预压过程和适当的预压压力； (3) 降低变压器级数； (4) 修理或更换电极

6）钢筋焊接网质量检验。成品钢筋焊接网进场时，应按批抽样检验。

A. 取样数量。每批钢筋焊接网应由同一厂家生产的、受力主筋为同一直径、同一级别的焊接网组成，重量不应大于20t。每批焊接网外观质量和几何尺寸的检验，应抽取

5％的网片，且不应少于 3 片。钢筋焊接网的焊点应作力学性能试验。在每批焊接网中，应随机抽取一张网片，在纵、横向钢筋上各截取 2 根试件，分别进行拉伸和冷弯试验；并在同一根非受拉钢筋上随机截取 3 个抗剪试件。其试件的尺寸见图 1-3。

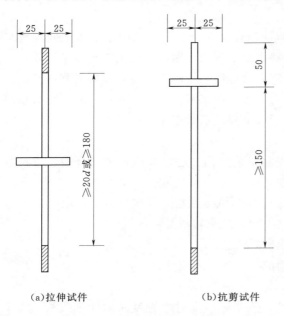

（a）拉伸试件　　　　（b）抗剪试件

图 1-3　钢筋焊接网试件示意图（单位：mm）

力学性能试件，应从成品中切取，切取过试件的制品，应补焊同级别、同直径钢筋，其每边搭接的长度不应小于 2 个孔格的长度。

B. 外观检查。焊接网外观质量检查结果，应符合下列要求：

第一，钢筋交叉点开焊数量不得超过整个网片交叉点总数的 1％，并且任一根钢筋上开焊点数不得超过该根钢筋上交叉点总数的 50％。焊接网最外边钢筋上的交叉点不应开焊。

第二，焊接网表面不得有油渍及其他影响使用的缺陷，可允许有毛刺、表面浮锈。

第三，焊接网几何尺寸的允许偏差：对网片的长度、宽度为 ±25mm；对网格的长度、宽度为 ±10mm。当需方有要求时，经供需双方协商，焊接网片长度允许偏差可取 ±10mm。

C. 力学性能试验。

第一，抗剪试验时，应采用能悬挂于试验机上专用的抗剪试验夹具。抗剪试验结果，3 个试件抗剪力的平均值应符合式（1-4）计算的抗剪力：

$$F \geqslant 0.3A_0\sigma_s \tag{1-4}$$

式中　F——抗剪力；

　　　A_0——较大钢筋的横截面积；

　　　σ_s——该级别钢筋的屈服强度。

当抗剪试验不合格时，应在取样的同一横向钢筋上所有交叉焊点取样检查；当全部试件平均值合格时，应确认该批焊接网为合格品。

第二，拉伸试验与弯曲试验方法，与常规方法相同。试验结果应符合该级别钢筋的力学性能指标；如不合格，则应加倍取样进行不合格项目的检验。复验结果全部合格时，该批钢筋网方可判定为合格。

（2）闪光对焊。钢筋闪光对焊是将两根钢筋安放成对接形式，利用焊接电流通过两根钢筋接触点产生的电阻热，使接触点金属熔化，产生强烈飞溅，形成闪光，迅速施加顶锻力完成的一种压焊方法。对焊不仅能提高工效，节约钢材，还能充分保证焊接质量。对焊机分为手动对焊机和自动对焊机。

1) 对焊设备。闪光对焊机适用于水平钢筋非施工现场连接，常用对焊机技术性能见表 1-9，建筑工地常用的 UN₁-100 型手动对焊机，对焊机技术性能见图 1-4。

表 1-9　　　　　　　　　　　　常用对焊机技术性能表

项次	项目		对焊机型号			
			UN₁-75	UN₁-100	UN₂-150	UN₁₇-150-1
1	额定容量/kVA		75	100	150	150
2	初级电压/V		220/380	380	380	380
3	次级电压调节范围/V		3.52～7.94	4.5～7.6	4.05～8.1	3.8～7.6
4	次级电压调节级数		8	8	15	15
5	额定持续率/%		20	20	20	50
6	钳口夹紧力/kN		20	40	100	160
7	最大顶锻力/kN		30	40	65	80
8	钳口最大距离/mm		80	80	100	90
9	动钳口最大行程/mm		30	50	27	80
10	动钳口最大烧化行程/mm					20
11	焊件最大预热压缩量/mm				10	
12	连续闪光焊时钢筋最大直径/mm		12～16	16～20	20～25	20～25
13	预热闪光焊时钢筋最大直径/mm		32～36	40	40	40
14	生产率/(次/h)		75	20～30	80	120
15	冷却水消耗量/(L/h)		200	200	200	500
16	压缩空气	压力/(N/mm²)			5.5	6
		消耗量/(m³/h)			15	5
17	焊机重量/kg		445	465	2500	1900
18	外形尺寸	长/mm	1520	1800	2140	2300
		宽/mm	550	550	1360	1100
		高/mm	1080	1150	1380	1820

2) 对焊工艺。钢筋闪光对焊的焊接工艺可分为连续闪光焊、预热闪光焊和闪光—预热—闪光焊等，根据钢筋品种、直径、焊机功率、施焊部位等因素选用。

A. 连续闪光焊。连续闪光焊的工艺过程包括：连续闪光和顶锻过程见图 1-5（a）。施焊时，先闭合一次电路，使两根钢筋端面轻微接触，此时端面的间隙中即喷射出火花般熔化的金属微粒——闪光，接着徐徐移动钢筋使两端面仍保持轻微接触，形成连续闪光。当闪光到预定的长度，使钢筋端头加热到将近熔点时，就以一定的压力迅速进行顶锻。先带电顶锻，再无电顶锻到一定长度，焊接接头即告完成。

B. 预热闪光焊。预热闪光焊是在连续闪光焊前增加一次预热过程，以扩大焊接热影响区。其工艺过程包括：预热、闪光和顶锻过程见图 1-5（b）。施焊时先闭合电源，然后使两根钢筋端面交替地接触和分开，这时钢筋端面的间隙中即发出断续的闪光，而形成预热过程。当钢筋达到预热温度后进入闪光阶段，随后顶锻而成。

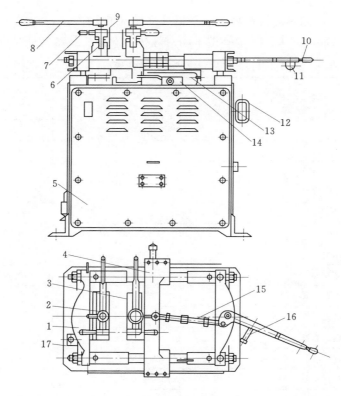

图 1-4 UN₁-100 型手动对焊机示意图

1—固定横架；2—左电极；3—右电极；4—可动横架；5—机架；6—夹紧臂；7—套钩；

8—手柄；9—护板；10—操纵杆；11—按钮开关；12—分级开关；13—行程螺钉；

14—行程开关；15—调节螺钉；16—螺杆；17—出水漏斗

C. 闪光—预热—闪光焊。闪光—预热—闪光焊是在预热闪光焊前加一次闪光过程，目的是使不平整的钢筋端面烧化平整，使预热均匀。其工艺过程包括：一次闪光、预热、二次闪光及顶锻过程见图 1-5（c）。施焊时首先连续闪光，使钢筋端部闪平，然后同预热闪光焊。

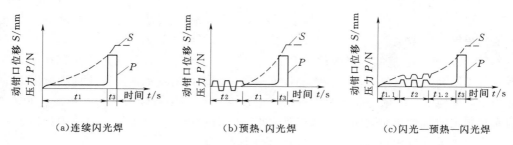

（a）连续闪光焊　　　　　（b）预热、闪光焊　　　　　（c）闪光—预热—闪光焊

图 1-5　钢筋闪光对焊工艺过程图

t_1—闪光时间；$t_{1.1}$—一次闪光时间；$t_{1.2}$—二次闪光时间；t_2—预热时间；t_3—顶锻时间

3）闪光对焊应注意的事项。

A. 调整两钳口间的距离：旋动调节螺钉使操纵杆位于左极限时，钳口间距离应为两

焊件总伸出长度与挤压量之差；当操纵杆处于右极限时，钳口间距应为两焊件总伸出长度再加上2～3mm，此即焊前原始位置。

B. 调整断路限位开关，使其在焊接结束时（到达预定挤压量）能自动切断电源。

C. 按焊件形状，调整钳口并使钳口位于同一水平，然后夹紧焊件。

D. 为防止焊件的瞬间过热，须逐次增加调节级数，选用适当次级电压。

E. 对焊钢筋端头150mm范围内要除污除锈调直，禁止焊接超过规定直径的钢筋。

F. 施焊时，要先通水后通电，使电极及次级绕组冷却。同时，检查有无漏水现象。

G. 焊接长钢筋时，要设置活动支架。配合搬运钢筋的操作人员，焊接时注意不要被火花烫伤。已焊接好的钢筋，要按规格长度堆放整齐，不能靠近易燃物品。

4）对焊缺陷及消除措施。在闪光对焊生产中，当出现异常现象或焊接缺陷时，宜按表1-10查找原因，采取措施，及时消除。

表1-10　　　　　　　　　钢筋对焊异常现象、焊接缺陷及消除措施表

项次	异常现象和缺陷种类	消除措施
1	烧化过分剧烈并产生强烈的爆炸声	（1）降低变压器级数； （2）减慢烧化速度
2	闪光不稳定	（1）清除电极底部和表面的氧化物； （2）提高变压器级数； （3）加快烧化速度
3	接头中有氧化膜、未焊透或夹渣	（1）增加预热程度； （2）加快临近顶锻时的烧化速度； （3）确保带电顶锻过程； （4）加快顶锻速度； （5）增大顶锻压力
4	接头中有缩孔	（1）降低变压器级数； （2）避免烧化过程过分强烈； （3）适当增大顶锻留量及顶锻压力
5	焊缝金属过烧	（1）减小预热程度； （2）加快烧化速度，缩短焊接时间； （3）避免过多带电顶锻
6	接头区域裂纹	（1）检验钢筋的碳、硫、磷含量；如不符合规定时，应更换钢筋； （2）采取低频预热方法，增加预热程度
7	钢筋表面微熔及烧伤	（1）清除钢筋被夹紧部位的铁锈和油污； （2）清除电极内表面的氧化物； （3）改进电极槽口形状，增大接触面积； （4）夹紧钢筋
8	接头弯折或轴线偏移	（1）正确调整电极位置； （2）修整电极钳口或更换已变形的电极； （3）切除或矫直钢筋的弯头

5）对焊接头质量检验。

A. 取样数量。

第一，在同一台班内，由同一焊工，按同一焊接参数完成的300个同类型接头作为一批。一周内连续焊接时，可以累计计算。一周内累计不足300个接头时，也按一批计算。

第二，钢筋闪光对焊接头的外观检查，每批抽查10%的接头，且不应少于10个。

第三，钢筋闪光对焊接头的力学性能试验包括拉伸试验和弯曲试验，应从每批成品中切取6个试件，3个进行拉伸试验，3个进行弯曲试验。

B. 外观检查。钢筋闪光对焊接头的外观检查，应符合下列要求：

第一，接头处不得有横向裂纹。

第二，与电极接触处的钢筋表面，不应有明显的烧伤。

第三，接头处的弯折，不应大于4°。

第四，接头处的钢筋轴线偏移a，不得大于钢筋直径的0.1倍，且不应大于2mm；其测量方法见图1-6。

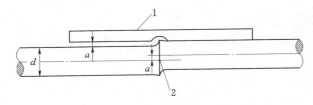

图1-6 对焊接头轴线偏移测t方法图
1—测量尺；2—对焊接头

当有一个接头不符合要求时，应对全部接头进行检查，剔出不合格接头，切除热影响区后重新焊接。

C. 拉伸试验。钢筋对焊接头拉伸试验时，应符合下列要求：

第一，三个试件的抗拉强度均不得低于该级别钢筋的抗拉强度标准值。

第二，至少有两个试样断于焊缝之外，并呈塑性断裂。

当检验结果有一个试件的抗拉强度低于规定指标，或有两个试件在焊缝或热影响区发生脆性断裂时，应取双倍数量的试件进行复验。复验结果，若仍有一个试件的抗拉强度低于规定指标，或有三个试件呈脆性断裂，则该批接头即为不合格品。

模拟试件的检验结果不符合要求时，复验应从成品中切取试件，其数量和要求与初试时相同。

D. 弯曲试验。钢筋闪光对焊接头弯曲试验时，应将受压面的金属毛刺和镦粗变形部分去掉，与母材的外表齐平。

弯曲试验可在万能试验机、手动或电动液压弯曲机上进行，焊缝应处于弯曲的中心点，弯心直径和弯曲角见表1-11。弯曲至90°时，至少有2个试件不应发生破断。

表1-11　　　　　　　　　钢筋对接接头弯心直径和弯曲角试验指标表

钢筋级别	弯心直径/mm	弯曲角/(°)
HPB235级	2d	90
HRB333级	4d	90
HRB400级	5d	90

注 1. d为钢筋直径。

2. 直径大于25mm的钢筋对焊接头，作弯曲试验时弯心直径应增加一个钢筋直径。

3. 当试验结果，有2个试件发生破断时，应再取6个试件进行复验。复验结果，当仍有3个试件发生破断，应确认该批接头为不合格品。

（3）电弧焊接。钢筋电弧焊是以焊条作为一极，钢筋为另一极，利用焊接电流通过时产生的电弧热进行焊接的一种熔焊方法。钢筋电弧焊包括帮条焊、搭接焊、窄间隙焊和熔槽焊等接头形式。焊接时应符合下列要求：

第一，应根据钢筋级别、直径、接头形式和焊接位置，选择焊条、焊接工艺和焊接参数。

第二，焊接时，引弧应在垫板、帮条或形成焊缝的部位进行，不应烧伤主筋。

第三，焊接地线与钢筋应接触紧密。

第四，焊接过程中应及时清渣，焊缝表面应光滑，焊缝余高应平缓过渡，弧坑应填满。

1）电弧焊设备和焊条。电弧焊设备主要采用交流弧焊机，建筑工地常用交流弧焊机的技术性能见表 1-12。

表 1-12 建筑工地常用交流弧焊机的技术性能表

项　　目		BX₃-120-1	BX₃-300-2	BX₃-500-2	BX₂-1000 （BC-1000）
额定焊接电流/A		120	300	500	1000
初级电压/V		220/380	380	380	220/380
次级空载电压/V		70～75	70～78	70～75	69～78
额定工作电压/V		25	32	40	42
额定初级电流/A		41/23.5	61.9	101.4	340/196
焊接电流调节范围/A		20～160	40～400	60～600	400～1200
额定持续率/%		60	60	60	60
额定输入功率/kVA		9	23.4	38.6	76
各持续率 时功率	100%/kVA	7	18.5	30.5	—
	额定持续率/kVA	9	23.4	38.6	76
各持续率时 焊接电流	100%/kVA	93	232	388	775
	额定持续率/kVA	120	300	500	1000
功率因数（cosφ）		—	—	—	0.62
效率/%		80	82.5	87	90
外形尺寸（长×宽×高） /(mm×mm×mm)		485×470×680	730×540×900	730×540×900	744×950×1220
重量/kg		100	183	225	560

电弧焊所采用的焊条，其性能应符合《非合金钢及细晶粒钢焊条》（GB/T 5117—2012）或《热强钢焊条》（GB/T 5118—2012）的规定，其型号应根据设计确定；若设计无规定时，可按表 1-13 选用。

当采用低氢型碱性焊条时，应按使用说明书的要求烘焙；酸性焊条若在运输或存放中受潮，使用前也应烘焙后方可使用。

表 1 - 13 　　　　　　　　　　　　　　　钢筋电弧焊焊条型号表

钢筋级别	电弧焊接头形式		
	帮条焊、搭接焊	熔槽焊	窄间隙焊
Ⅰ级钢筋	E4313	E4315	E4316、E4315
Ⅱ级钢筋	E5003、E5016	E5003	E5016、E5015
Ⅲ级钢筋	E5003、E5016	E5503	—E5016、E5015

2）帮条焊和搭接焊。帮条焊和搭接焊宜采用双面焊。当不能进行双面焊时，可采用单面焊。当帮条级别与主筋相同时，帮条直径可与主筋相同或小一个规格；当帮条直径与主筋相同时，帮条级别可与主筋相同或低一个级别。

A. 施焊前，钢筋的装配与定位，应符合下列要求：

第一，采用帮条焊时，两主筋端面之间的间隙应为 2～5mm。

第二，采用搭接焊时，焊接端钢筋应预弯，并应使两钢筋的轴线在一直线上。

第三，帮条和主筋之间应采用四点定位焊固定见图 1 - 7（a）；搭接焊时，应采用两点固定见图 1 - 7（b）；定位焊缝与帮条端部或搭接端部的距离应不小于 20mm。

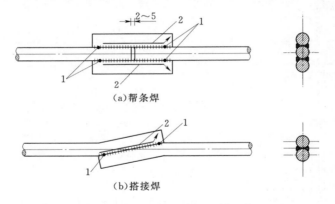

(a)帮条焊

(b)搭接焊

图 1 - 7　帮条焊与搭接焊的定位示意图（单位：mm）
1—定位焊缝；2—弧坑拉出方位

B. 施焊时，应在帮条焊或搭接焊形成焊缝中引弧；在端头收弧前应填满弧坑，并应使主焊缝与定位焊缝的始端和终端熔合。

C. 帮条焊或搭接焊的焊缝厚度 h 不应小于主筋直径的 0.3 倍，焊缝宽度 b 不应小于主筋直径的 0.7 倍，钢筋接头见图 1 - 8（a）。

D. 钢筋与钢板搭接焊时，搭接长度见图 1 - 8（b）。焊缝宽度不得小于钢筋直径的 0.5 倍，焊缝厚度不得小于钢筋直径的 0.35 倍。

3）手工电弧熔槽焊。

A. 熔槽焊宜用于直径大于 25mm 的钢筋现场连接，焊接时应加角钢作垫板模，接头形式见图 1 - 9。

B. 角钢尺寸和焊接工艺应符合下列要求：

第一，角钢边长宜为 40～60mm。

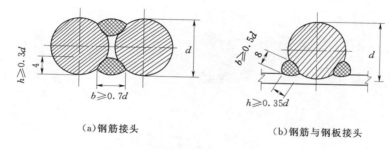

（a）钢筋接头   （b）钢筋与钢板接头

图 1-8　焊缝示意图（单位：mm）

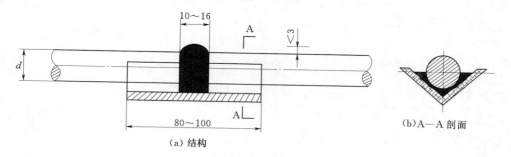

（a）结构   （b）A—A 剖面

图 1-9　熔槽焊示意图（单位：mm）

第二，从接缝处垫板引弧后应连续施焊，并应使钢筋端部熔合，防止未焊透、有气孔或夹渣。

第三，可停焊清渣一次，焊平后，再进行焊接余高的焊接，其高度应不大于 3mm。

第四，钢筋与角钢垫板之间，应加焊侧面焊缝 1～3 层，焊缝应饱满。

第五，焊缝表面不应有缺陷及削弱现象，在接头处钢筋中心线位移不大于钢筋直径的 0.1 倍。

4）手工电弧窄间隙焊。

A. 用于钢筋窄间隙焊接的焊条，Ⅰ级钢筋可用酸性焊条，Ⅱ级、Ⅲ级钢筋可采用低氢型碱性焊条。使用低氢型碱性焊条时，必须按使用说明书的要求进行烘焙。

B. 钢筋被焊端部 300mm 长度内应平直，如有弯曲，必须矫直或切除，以便进行焊接模具安装。

C. 窄间隙焊模具采用紫铜制作，焊接时模具宜按所焊钢筋直径配套选用，若钢筋直径比模具尺寸小时，不应小于一个钢筋级差。安装焊接模具和钢筋时，应严格控制间隙大小，并使两钢筋的焊接部位处于同轴位置，模具应夹紧钢筋，见图 1-10。

D. 在工程开工或每批钢筋开焊前，应进行现场条件下的焊接性能实验，以确定合适的焊接工艺和参数。焊接参数可按表 1-14 选择。

E. 水平钢筋窄间隙焊的接头，在去除模具后应进行全部外观检查。外观检查要求：接头处焊缝饱满，不应有深度大于 0.5mm 的咬边，接头处的轴线偏移不得大于 0.1 倍钢筋直径，且不应大于 2mm，接头处的弯折不应大于 4°。外观检查不合格的接头，应切除 0.3 倍钢筋直径的热影响区后重焊或采取补强措施。

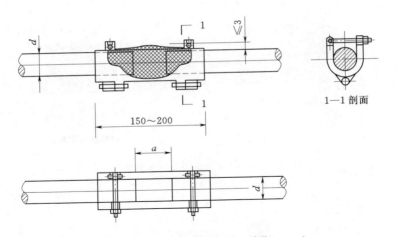

图 1-10 窄间隙焊示意图（单位：mm）

表 1-14 水平钢筋窄间隙焊的焊接参数表

钢筋直径 d /mm	端头间隙 d /mm	焊条直径 /mm	焊接电流 /A
20	11～13	3.2	100～110
22	11～13	3.2	100～110
25	12～14	4.0	150～160
28	12～14	4.0	150～160
32	12～14	4.0	150～160
36	13～15	5.0	210～220
40	13～15	5.0	210～220

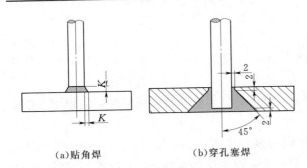

（a）贴角焊　（b）穿孔塞焊

图 1-11 预埋件 T 字接头电弧焊示意图
（单位：mm）

5）电弧焊接头质量检验。预埋件 T 字接头电弧焊分为贴角焊和穿孔塞焊两种（图 1-11）。

采用贴角焊时，焊缝的焊脚 K：对 HPB235 级钢筋不应小于 0.5d，对 HRB335 级钢筋，不得小于 0.6d（d 为钢筋直径）。

采用穿孔塞焊时，钢板的孔洞应做成喇叭口，其内口直径应比钢筋直径大 4mm，倾斜角度为 45°，钢筋缩进 2mm。

施焊中，电流不宜过大，不应使钢筋咬边和烧伤。

6）电弧焊接头质量检验。

A. 取样数量。电弧焊接头外观检查，应在清渣后逐个进行目测或量测。当进行力学性能试验时，应按下列规定抽取试件：

第一，以 300 个同一接头形式、同一钢筋级别的接头作为一批，从成品中每批随机切取 3 个接头进行拉伸试验。

第二，在装配式结构中，可按生产条件制作模拟构件。

B. 外观检查。钢筋电弧焊接头外观检查结果，应符合下列要求：

第一，焊缝表面应平整，不应有凹陷或焊瘤。

第二，焊接接头区域不得有裂纹。

第三，焊接接头尺寸的允许偏差及咬边深度、气孔、夹渣等缺陷允许值，应符合表 1-15 的规定。

表 1-15　　　　　　　　钢筋电弧焊接头尺寸偏差及缺陷允许值

名　称		接 头 形 式		
		帮条焊	搭接焊	窄间隙焊熔槽焊
帮条沿接头中心线的纵向偏移/mm		0.5d	—	—
接头处弯折角/(°)		4	4	4
接头处钢筋轴线的偏移/mm		0.1d	0.1d	0.1d
		3	3	3
焊缝厚度/mm		+0.05d 0	+0.05d 0	—
焊缝宽度/mm		+0.1d 0	+0.1d 0	—
焊缝长度/mm		−0.5d	−0.5d	
横向咬边深度/mm		0.5	0.5	0.5
在长 2d 焊缝表面上的气孔及夹渣	数量/个	2	2	—
	面积/mm²	6	6	—
在全部焊缝表面上的气孔及夹渣	数量/个	—	—	2
	面积/mm²	—	—	6

注　d 为钢筋直径，mm。

第四，坡口焊、熔槽帮条焊接头的焊缝余高不应大于 3mm。

第五，预埋件 T 字接头的钢筋间距偏差不应大于 10mm，钢筋相对钢板的直角偏差不应大于 4°。

外观检查不合格的接头、经修整或补强后，可提交二次验收。

C. 拉伸试验。钢筋电弧焊接头拉伸试验结果，应符合下列要求：

第一，3 个热轧钢筋接头试件的抗拉强度均不应小于该级别钢筋规定的抗拉强度。

第二，3 个接头试件均应断于焊缝之外，并应至少有 2 个试件呈延性断裂。

当试验结果，有一个试件的抗拉强度小于规定值，或有 1 个试件断于焊缝，或有 2 个试件发生脆性断裂时，应再取 6 个试件进行复验。复验结果当有一个试件抗拉强度小于规定值，或有一个试件断于焊缝，或有 3 个试件呈脆性断裂时，应确认该批接头为不合格品。

模拟试件试验结果不符合要求时，复验应再从成品中切取，其数量和要求应与初始试验时相同。

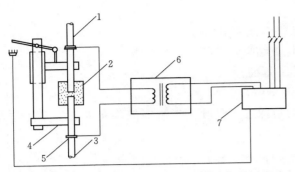

图 1-12 钢筋电渣压力焊设备示意图
1—上钢筋；2—焊剂盒；3—下钢筋；4—焊接机头；
5—焊钳；6—焊接电源；7—控制箱

（4）电渣压力焊。钢筋电渣压力焊是将两根钢筋安放成竖向对接形式，利用焊接电流通过两钢筋端面间隙，在焊剂层下形成电弧过程和电渣过程，产生电弧热和电阻热，熔化钢筋，加压完成的一种焊接方法。钢筋电渣压力焊机操作方便，效率高，适用于竖向或斜向受力钢筋的连接，钢筋级别为Ⅰ级、Ⅱ级，直径为 14～40mm。

电渣压力焊在供电条件差、电压不稳、雨季或防火要求高的场合应慎用。

1）焊接设备与焊剂。电渣压力焊的焊接设备包括：焊接电流、焊接机头、控制箱、焊剂填装盒等，见图 1-12。

A. 焊接电源。竖向钢筋电渣压力焊的电源，可采用一般的 BX$_3$-500 型与 BX$_2$-1000 型交流弧焊机，也可采用 JSD-600 型与 JSD-1000 型专用电源，见表 1-16。一台焊接电源可供数个焊接机头交替用电，电缆线与机头的连接采用插接式，以获得较高的生产效率。空载电压应较高（≥75V），以利引弧。

表 1-16　　　　　　　　　竖向钢筋电渣压力焊电源性能表

项目	JSD-600		JSD-1000	
电源电压/V	380		380	
相数/相	1		1	
输入容量/kVA	45		76	
空载电压/V	80		78	
负载持续率/%	60	35	60	35
初级电流/A	116		196	
次级电流/A	600	750	1000	1200
次级电压/V	22～45		22～45	
焊接钢筋直径/mm	14～32		22～40	

B. 焊接机头。焊接机头有杠杆单柱式、丝杆传动双柱式等。

第一，LDZ 型杠杆单柱焊接机头（见图 1-13）由单导柱、夹具、手柄、监控仪表、操作把等组成。下夹具固定在钢筋上，上夹具利用手动杠杆可沿单柱上、下滑动，以控制上钢筋的运动和位置。

第二，MH 型丝杆传动式双柱焊接机头（见图 1-14）由伞形齿轮箱、手柄、升降丝杆、夹具、夹紧装置、双导柱等组成。上夹具在双导柱上滑动，利用丝杆螺母的自锁特性使上钢筋易定位；夹具定位精度高，卡住钢筋后无需调整对中度。

YJ 型焊接机头，利用梯形螺纹传动和单柱导向，也取得良好的效果。

上述各类焊接机头，可采用手控与自控相结合的半自动化操作方式。

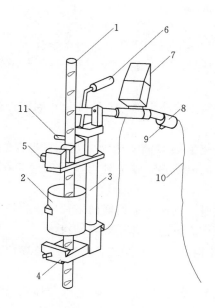

图 1-13　杠杆式单柱焊接机头示意图

1—钢筋；2—焊剂盒；3—单导柱；4—固定夹头；
5—活动夹头；6—手柄；7—监控仪表；8—操作把；
9—开关；10—控制电缆；11—电缆插座

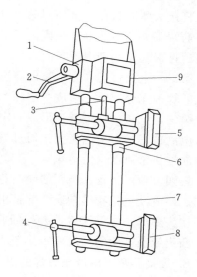

图 1-14　丝杆传动式双柱焊接机头示意图

1—伞形齿轮箱；2—手柄；3—升降丝杆；
4—夹紧装置；5—上夹头；6—导管；
7—双导柱；8—下夹头；9—操作盒

C. 焊剂盒与焊剂。焊剂盒呈圆形，由两半圆形铁皮组成，内径为 80～100mm，与所焊钢筋的直径相适应。

焊剂盒宜与焊接机头分开。当焊接完成后，先拆机头，待焊接接头保温一段时间后再拆焊剂盒。特别是在环境温度较低时，可避免发生冷淬现象。

焊剂宜采用 HJ431 型。该焊剂含有高锰、高硅与低氟成分，其作用除起隔绝、保温及稳定电弧作用外，在焊接过程中还起补充熔渣、脱氧及添加合金元素作用，使焊缝金属合金化。

焊剂使用前必须在 250℃ 温度烘烤 2h，以保证焊剂容易熔化，形成渣池。

2）焊接工艺与参数。

A. 焊接工艺。施焊前，焊接夹具的上、下钳口应夹紧在上、下钢筋上；钢筋一经夹紧，不得晃动。电渣压力焊的工艺过程包括：引弧过程、电弧过程、电渣过程和顶压过程（见图 1-15）。

第一，引弧过程：宜采用铁丝圈引弧法，也可采用直接引弧法。

铁丝圈引弧法是将铁丝圈放在上、下钢筋端头之间，高约 10mm，电流通

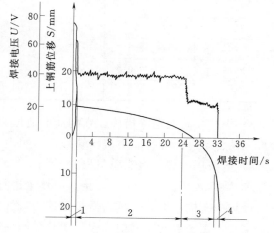

图 1-15　钢筋电渣压力焊工艺过程图（φ28mm 钢筋）

1—引弧过程；2—电弧过程；3—电渣过程；4—顶压过程

过铁丝圈与上、下钢筋端面的接触点形成短路引弧。

直接引弧法是在通电后迅速将上钢筋提起，使两端头之间的距离为 2～4mm 引弧。当钢筋端头夹杂不导电物质或过于平滑造成引弧困难时，可以多次把上钢筋移下与下钢筋短接后再提起，达到引弧目的。

第二，电弧过程：靠电弧的高温作用，将钢筋端头的凸出部分不断烧化；同时将接口周围的焊剂充分熔化，形成一定深度的渣池。

第三，电渣过程：渣池形成一定深度后，将上钢筋缓缓插入渣池中，此时电弧熄灭，进入电渣过程。由于电流直接通过渣池，产生大量的电阻热，使渣池温度升到近 2000℃，将钢筋端头迅速而均匀熔化。

第四，顶压过程：当钢筋端头达到全截面熔化时，迅速将上钢筋向下顶压，将熔化的金属、熔渣及氧化物等杂质全部挤出结合面，同时切断电源，焊接即告结束。

接头焊毕，应停歇后，方可回收焊剂和卸下焊接夹具，并敲去渣壳；四周焊包应均匀，凸出钢筋表面的高度应不小于 4mm。

B. 焊接参数。电渣压力焊的焊接参数主要包括：焊接电流、焊接电压和焊接通电时间等，见表 1-17。

表 1-17 　　　　　　　　　　　　　　电渣压力焊的焊接参数表

钢筋直径 /mm	焊接电流 /A	焊接电压/V		焊接通电时间/s	
		电弧过程 $u_{2.1}$	电渣过程 $u_{2.2}$	电弧过程 t_1	电渣过程 t_2
14	200～220			12	3
16	200～250			14	4
18	250～300			15	5
20	300～350			17	5
22	350～400			18	6
25	400～450	35～45	22～27	21	
28	500～550			24	6
32	600～650			27	6
36	700～750			30	7
40	850～900			33	8

3) 焊接缺陷及消除措施。在钢筋电渣压力焊的焊接过程中，如发现轴线偏移、接头弯折、结合不良、烧伤、夹渣等缺陷，参照表 1-18 查明原因，采取措施，及时消除。

4) 电渣压力焊、接头质量检验。

A. 取样数量。电渣压力焊接头应逐个进行外观检查。当进行力学性能试验时，应从每批接头中随机切取 3 个试件做拉伸试验，且应按下列规定抽取试件。

第一，在一般构筑物中，应以 300 个同级别钢筋接头作为一批。

第二，在现浇钢筋混凝土多层结构中，应以每一楼层或施工区段中 300 个同级别钢筋接头作为一批，不足 300 个接头仍应作为一批。

表 1-18

电渣压力焊接头焊接缺陷及消除措施

项次	焊接缺陷	消除措施
1	轴线偏移	(1) 矫直钢筋端部； (2) 正确安装夹具和钢筋； (3) 避免过大的顶压力； (4) 及时修理或更换夹具
2	弯折	(1) 矫直钢筋端部； (2) 注意安装和扶持上钢筋； (3) 避免焊后过快卸夹具； (4) 修理或更换夹具
3	咬边	(1) 减小焊接电流； (2) 缩短焊接时间； (3) 注意上钳口的起点和止点，确保上钢筋顶压到位
4	未焊合	(1) 增大焊接电流； (2) 避免焊接时间过短； (3) 检修夹具，确保上钢筋下送自如
5	焊包不匀	(1) 钢筋端面力求平整； (2) 填装焊剂尽量均匀； (3) 延长焊接时间，适当增加熔化量
6	气孔	(1) 按规定要求烘焙焊剂； (2) 清除钢筋焊接部位的铁锈； (3) 确保接缝在焊剂中合适埋入深度
7	烧伤	(1) 钢筋导电部位除净铁锈； (2) 尽量夹紧钢筋
8	焊包下淌	(1) 彻底封堵焊剂筒的漏孔； (2) 避免焊后过快回收焊剂

B. 外观检查。电渣压力焊接头外观检查结果应符合下列要求：

第一，四周焊包凸出钢筋表面的高度应不小于 4mm。

第二，钢筋与电极接触处，应无烧伤缺陷。

第三，接头处的弯折角不得大于 4°。

第四，接头处的轴线偏移不应大于钢筋直径 0.1 倍，且不应大于 2mm。

外观检查不合格的接头应切除重焊，或采用补强焊接措施。

C. 拉伸试验。电渣压力焊接头拉伸试验结果，3 个试件的抗拉强度均不应小于该级别钢筋规定的抗拉强度。

当试验结果有 1 个试件的抗拉强度低于规定值，应再取 6 个试件进行复验。复验结果，当仍有 1 个试件的抗拉强度小于规定值，应确认该批接头为不合格品。

(5) 气压焊。气压焊是利用氧气和乙炔气，按一定的比例混合燃烧的火焰，将被焊钢筋两端加热，使其达到热塑状态，经施加适当压力，使其接合的固相焊接法。钢筋气压焊适用于 14～40mm 热轧 Ⅰ～Ⅳ 级钢筋，也能进行不同直径钢筋间的焊接，还可用于钢轨焊接。被焊材料有碳素钢、低合金钢、不锈钢和耐热合金等。钢筋气压焊设备轻便，可进行水平、垂直、倾斜等全方位焊接，具有节省钢材、施工费用低廉等优点。

1）焊接设备。钢筋气压设备包括氧气、乙炔供气设备、加热器、加压器及钢筋卡具等，见图 1-16。钢筋气压焊接机系列有 GQH—Ⅱ与Ⅲ型等。

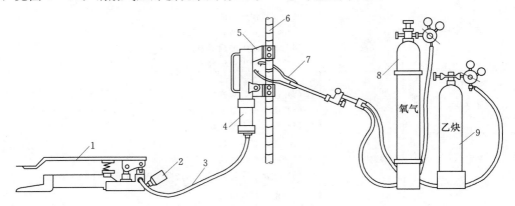

图 1-16　气压焊设备工作示意图
1—脚踏液压泵；2—压力表；3—液压胶管；4—活动油缸；5—钢筋卡具；
6—被焊接钢筋；7—多火口烤枪；8—氧气瓶；9—乙炔瓶

加热器由混合气管和多火口烤枪组成。为使钢筋接头能均匀受热，烤枪应设计成环状钳形。烤枪的火口数：对直径 16～22mm 的钢筋为 6～8 个，对直径 25～28mm 的钢筋为 8～10 个，对直径 32～36mm 的钢筋为 10～12 个，对直径 40mm 的钢筋为 12～14 个。

加压器由液压泵、压力表、液压胶管和活动油缸组成。液压泵有手动式、脚踏式和电动式。在钢筋气压焊接作业中，加压器作为压力源，通过钢筋卡具对钢筋施加 30N/mm² 以上的压力。

钢筋卡具由可动卡子与固定卡子组成，用于卡紧、调整和压接钢筋用。

2）焊接工艺。

A. 焊前准备。

第一，钢筋下料要用砂轮锯，不得使用切断机，以免钢筋端头呈马蹄形而无法压接。

第二，钢筋端面在施焊前，要用角向磨光机打磨见新。边棱要适当倒角，端面要平整。钢筋端面基本上要与轴线垂直。接缝与轴线的夹角不应小于 70°；两钢筋对接面间隙不应超过 3mm。

第三，钢筋端面附近 50～100mm 范围内的铁锈、油污、水泥浆等杂物必须清除干净。

第四，两根被连接的钢筋用钢筋卡具对正夹紧。

B. 施焊要点。钢筋气压焊的工艺过程包括：顶压、加热与压接过程。气压焊时，应根据钢筋直径和焊接设备等具体条件选用等压法、二次加压法或三次加压法焊接工艺。常用的三次加压工艺过程（以 φ25 钢筋为例）见图 1-17。

第一，两钢筋安装后，预压顶紧。预压力宜为 10MPa，钢筋之间的局部缝隙不应大于 3mm。

第二，钢筋加热初期应采用碳化焰（还原焰），对准两钢筋接缝处集中加热，并使其淡白色羽状内焰包住缝隙或伸入缝隙内，并始终不离开接缝，以防止压焊面产生氧化。待

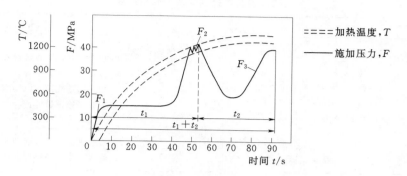

图 1-17　三次加压法焊接工艺过程图解

t_1—碳化焰对准钢筋接缝处集中加热；F_1—一次加压，预压；t_2—中性焰往复宽幅加热；F_2—二次加压，
接缝密合；t_1+t_2—根据钢筋直径和火焰热功率而定；F_3—三次加压，镦粗成形

接缝处钢筋红黄，随即对钢筋加第二次加压，直至焊口缝隙完全闭合。应注意：碳化焰若呈黄色，说明乙炔过多，必须适当减少乙炔量，不得使用碳化焰外焰加热，严禁用气化过剩的氧化焰加热。

第三，在确认两钢筋的缝隙完全黏合后，应改用中性焰，在压焊面中心 1～2 倍钢筋直径的长度范围内，均匀摆动往反加热。摆幅由小到大，摆速逐渐加大，使其达到压接温度（1150～1300℃）。

第四，当钢筋表面变成炽白色，氧化物变成芝麻粒大小的灰白色球状物，继而聚集成泡沫状并开始随加热器的摆动方向移动时，则可边加热边第三次加压，先慢后快，达到 30～40MPa，使接缝处隆起的直径为 1.4～1.6 倍母材直径、变形长度为母材直径 1.2～1.5 倍的鼓包。

在合理选用火焰的基础上，气压焊接时间：对直径 16～25mm 的钢筋为 1～2min，对直径 28～32mm 的钢筋为 2～3min，对直径 36～40min 的钢筋为 3～4min。火口前端距钢筋表面 25～30mm。

第五，压接后，当钢筋火红消失，即温度为 600～650℃ 时，才能解除压接器上的卡具。

第六，在加热过程中，如果火焰突然中断，发生在钢筋接缝已完全闭合以后，即可继续加热加压，直至完成全部压接过程；如果火焰突然中断发生在钢筋接缝完全闭合以前，则应切掉接头部分，重新压接。

3）焊接缺陷及消除措施。在焊接生产中，当发现焊接缺陷时，宜按表 1-19 查找原因，采取措施，及时消除。

4）气压焊接头质量检验。

A. 取样数量。气压焊接头应逐个进行外观检查。当进行力学性能试验时，应从每批接头中随机切取 3 个接头做拉伸试验；在梁、板的水平钢筋连接中，应另切取 3 个接头做弯曲试验，且应按下列规定抽取试件：

第一，在一般构筑物中，以 300 个接头作为一批。

表 1-19　　　　　　　　　　　　　气压焊接头焊接缺陷及消除措施表

项次	焊接缺陷	产 生 原 因	消 除 措 施
1	轴线偏移（偏心）	(1) 焊接夹具变形，两夹头不同心，或夹具刚度不够； (2) 两钢筋安装不正； (3) 钢筋接合端面倾斜； (4) 钢筋未夹紧进行焊接	(1) 检查夹具，及时修理或更换； (2) 重新安装夹紧； (3) 切平钢筋端面； (4) 夹紧钢筋再焊
2	弯折	(1) 焊接夹具变形，两夹头不同心； (2) 焊接夹具拆卸过早	(1) 检查夹具，及时修理或更换； (2) 熄火后半分钟再拆夹具
3	镦粗直径不够	(1) 焊接夹具动夹头有效行程不够； (2) 顶压油缸有效行程不够； (3) 加热温度不够； (4) 压力不够	(1) 检查夹具和顶压油缸，及时更换； (2) 采用适宜的加热温度及压力
4	镦粗长度不够	(1) 加热幅度不够宽； (2) 顶压力过大过急	(1) 增大加热幅度； (2) 加压时应平稳
5	压焊面偏移	(1) 焊缝两侧加热温度不均； (2) 焊缝两侧加热长度不等	(1) 同径钢筋焊接时两侧加热温度和加热长度基本一致； (2) 异径钢筋焊接时对较大直径钢筋加热时间稍长
6	钢筋表面严重烧伤	(1) 火焰功率过大； (2) 加热时间过长； (3) 加热器摆动不匀	调整加热火焰，正确掌握操作方法
7	未焊合	(1) 加热温度不够或热量分布不均； (2) 顶压力过小； (3) 接合端面不洁； (4) 端面氧化； (5) 中途灭火或火焰不当	合理选择焊接参数，正确掌握操作方法

第二，在现浇钢筋混凝土房屋结构中，同一楼层中应以 300 个接头作为一批；不足 300 个接头仍应作为一批。

B. 外观检查。气压焊接头外观检查结果应符合下列要求：

第一，偏心量。不应大于钢筋直径的 0.15 倍，且不得大于 4mm 见图 1-18（a）。当不同直径钢筋焊接时，应按较小钢筋直径计算。当大于规定值时，应切除重焊。

第二，两钢筋轴线弯折角不应大于 4°，当大于规定值时，应重新加热矫正。

第三，镦粗直径 d_c 不应小于钢筋直径的 1.4 倍见图 1-18（b）。当小于此规定值时，应重新加热镦粗。

第四，镦粗长度 I_c 不应小于钢筋直径的 1.2 倍，且凸起部分平缓圆滑见图 1-18（c）。当小于此规定值时，应重新加热镦长。

第五，压焊面偏移 d_h 不应大于钢筋直径的 0.2 倍见图 1-18（d）。

第六，钢筋压焊区表面不应有横向裂纹或严重烧伤。

C. 拉伸试验。气压焊接头拉伸试验结果，3个试件的抗拉强度均不得小于该级别钢筋规定的抗拉强度，并应断于压焊面之外，呈延性断裂。当有1个试件不符合要求时，应切取6个试件进行复验；复验结果，当仍有1个试件不符合要求，应确认该批接头为不合格品。

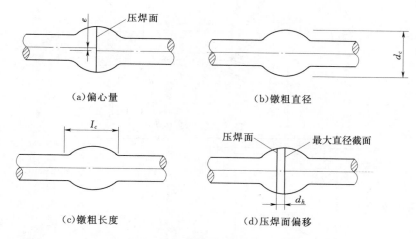

(a)偏心量　　　　　　　　　　(b)镦粗直径

(c)镦粗长度　　　　　　　　　(d)压焊面偏移

图1-18　钢筋气压焊接头外观质量图

D. 弯曲试验。气压焊接头进行弯曲试验时，应将试件受压面的凸起部分消除，并应与钢筋外表面齐平。弯心直径应比原材弯心直径增加1倍钢筋直径，弯曲角度均为90°。

弯曲试验可在万能试验机、手动或电动液压弯曲试验器上进行；压焊面应处在弯曲中心点，弯至90°，3个试件均不得在压焊面发生破断。

当试验结果有1个试件不符合要求，应再切取6个试件进行复验。复验结果，当仍有1个试件不符合要求，应确认该批接头为不合格品。

（6）埋弧压力焊。埋弧压力焊是将钢筋与钢板安放成T形形状，利用焊接电流通过时在焊剂层下产生电弧，形成熔池，加压完成的一种压焊方法，预埋件钢筋埋弧压力焊见图1-19。埋弧压力焊具有生产效率高、质量好等优点，适用于各种预埋件、T形接头、钢筋与钢板的焊接。预埋件钢筋压力焊适用于热轧直径6～25mmⅠ级、Ⅱ级钢筋的焊接，钢板为普通碳素钢A3，厚度6～20mm。

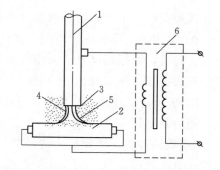

图1-19　预埋件钢筋埋弧压力焊示意图
1—钢筋；2—钢板；3—焊剂；4—电弧；
5—熔池；6—焊接变压器

1）焊接设备。埋弧压力焊的焊接电源宜采用BX_3-500型或BX_3-1000型弧焊变压器，手工埋弧压力焊机由焊接机架、工作平台和焊接机头组成（见图1-20），焊接机头装在摇臂的前端，其下端连接钢筋夹钳（活动电极），工作平台上装有电磁吸盘（固定电极），用以固定钢板。高频引弧器的作用是利用高频电压电流来引弧，它能使周围空气剧烈电离，在其输出端距离1～3mm的情况下，能产生电击穿现象。但应注意：焊接变压器的初级与次级间要有良好绝缘，以防被高频电压击穿，焊剂宜采用 HJ431 型，自动埋弧压力焊机是在手工埋弧压力焊机的基础上，增加带有延时调节器的自动控制系统。

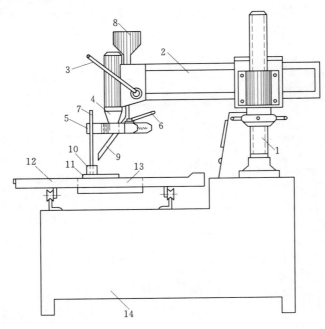

图 1-20 手工埋弧压力焊机示意图

1—立柱；2—摇臂；3—操作手柄；4—焊接机头；5—钢筋夹钳；6—夹钳手柄；

7—钢筋；8—焊剂斗；9—焊剂下料管；10—焊剂盒；11—钢板；

12—可移动的工作台面；13—电磁吸盘；14—机架

2）焊接工艺。施焊前，钢筋钢板应清洁，必要时除锈，以保证台面与钢板、钳口与钢筋接触良好，不至钢筋、钢板弯曲起弧。

A. 采用手工埋弧压力焊时，接通焊接电源后，立即将钢筋上提 2.5～4.0mm，引燃电弧。随后，根据钢筋直径大小，适当延时，或者继续缓慢提升 3～4mm，再渐渐下送，使钢筋端部和钢板熔化，待达到一定时间后，迅速顶压。

B. 采用自动埋弧压力焊时，在引弧之后，根据钢筋直径大小，延续一定时间进行熔化，随后及时顶压。

3）焊接参数。埋弧压力焊的焊接参数应包括引弧提升高度、电弧电压、焊接电流、焊接通电时间等。当采用 500 型焊接变压器时，焊接参数应符合表 1-20 的规定；当采用 1000 型焊接变压器时，也可选用大电流、短时间的强参数焊接法。

表 1-20 埋弧压力焊焊接参数

钢筋级别	钢筋直径/mm	引弧提升高度/mm	电弧电压/V	焊接电流/A	焊接通电时间/s
HPB235 级	6	2.5	30～35	400～450	2
	8	2.5	30～35	500～600	3

钢筋级别	钢筋直径 /mm	引弧提升高度 /mm	电弧电压 /V	焊接电流 /A	焊接通电时间 /s
HRB335 级	10	2.5	30～35	500～650	5
	12	3.0	30～35	500～650	8
	14	3.5	30～35	500～650	15
	16	3.5	30～40	500～650	22
	18	3.5	30～40	500～650	30
	20	3.5	30～40	500～650	33
	22	4.0	30～40	500～650	36
	25	4.0	30～40	500～650	40

4）焊接缺陷及消除措施。焊工应自检。当发现焊接缺陷时，宜按表1-21查找原因，采取措施，及时消除。

表1-21　　　　　　　　预埋件钢筋埋弧压力焊接头焊接缺陷及消除措施

项次	焊 接 缺 陷	消 除 措 施
1	钢筋咬边	（1）减小焊接电流或缩短焊接时间； （2）增大压入量
2	气孔	（1）烘焙焊剂； （2）消除钢板和钢筋上的铁锈、油污
3	夹渣	（1）消除焊剂中熔渣等杂物； （2）避免过早切断焊接电流； （3）加快顶压速度
4	未焊合	（1）增大焊接电流，增加焊接通电时间； （2）适当加大顶力
5	焊包不均匀	（1）保证焊接地线的接触良好； （2）使焊接处对称导电
6	钢板焊穿	（1）减小焊接电流或减少焊接通电时间； （2）避免钢板局部悬空
7	钢筋率硬脆断	（1）减小焊接电流，延长焊接时间； （2）检查钢筋化学成分
8	钢板凹陷	（1）减小焊接电流，延长焊接时间； （2）减小顶压力，减小压入量

5）埋弧压力焊接头质量检验。

A．取样数量。

第一，预埋件钢筋T字接头的外观检查，应从同一台班内完成的同一类型预埋件中抽查10%，且不得少于10件。

第二，当进行力学性能试验时，应以300件同类型预埋件作为一批。一周内连续焊接时，可累计计算。当不足300件时，也应按一批计算。应从每批预埋件中随机切取3个试件进行拉伸试验。

试件的尺寸见图 1-21。如果从成品中切取的试件尺寸过小，不能满足试验要求时，可按生产条件制作模拟试件。

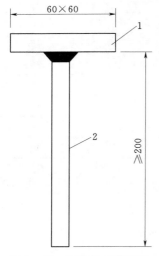

图 1-21　预埋件 T 形接头
拉伸试件示意图（单位：mm）
1—钢板；2—钢筋

B. 外观检查。埋弧压力焊接头外观检查结果，应符合下列要求：

第一，四周焊包凸出钢筋表面的高度应不小于 4mm。

第二，钢筋咬边深度不应超过 0.5mm。

第三，与钳口接触处钢筋表面应无明显烧伤。

第四，钢板应无焊穿，根部应无凹陷现象。

第五，钢筋相对钢板的直角偏差不应大于 4°。

第六，钢筋间距偏差不应大于 10mm。

C. 拉伸试验。预埋件 T 形接头 3 个试件拉伸试验结果，其抗拉强度应符合下列要求：

第一，HPB235 级钢筋接头均不应小于 $350N/mm^2$。

第二，HRB335 级钢筋接头均不应小于 $490N/mm^2$。

当试验结果有 1 个试件的抗拉强度小于规定值时，应再取 6 个试件进行复验。复验结果，当仍有 1 个试件的抗拉强度小于规定值时，应确认该批接头为不合格品。对于不合格品采取补强焊接后，可提交二次验收。

1.6.4　机械连接

钢筋机械连接是指通过连接件的机械咬合作用或钢筋端面的承压作用，将一根钢筋中的力传递至另一根钢筋的连接方法。这类连接方法是我国 21 世纪以来陆续发展起来的，它具有以下优点：接头质量稳定可靠，不受钢筋化学成分的影响，人为因素的影响也小；操作简便，施工速度快，且不受气候条件影响；无污染、无火灾隐患，施工安全等。在粗直径钢筋连接中，钢筋机械连接方法有广阔的发展前景。

（1）钢筋套筒挤压连接。带肋钢筋套筒挤压连接是将两根待接钢筋插入钢套筒，用挤压连接设备沿径向挤压钢套筒，使之产生塑性变形，依靠变形后的钢套筒与被连接钢筋纵、横肋产生的机械咬合成为整体的钢筋连接方法（见图 1-22）。

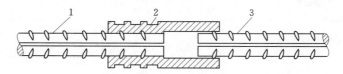

图 1-22　钢筋套筒挤压连接示意图
1—已挤压的钢筋；2—钢套筒；3—未挤压的钢筋

这种接头质量稳定性好，可与母材等强，但操作工人工作强度大，有时液压油污染钢筋，综合成本较高。钢筋挤压连接，要求钢筋最小中心间距为 9mm。

1）钢套筒。钢套筒的材料宜选用强度适中、延性好的优质钢材，其实测力学性能应符合下列要求：屈服强度 $\sigma_s = 225 \sim 350 \text{N/mm}^2$，抗拉强度 $\sigma_b = 375 \sim 500 \text{N/mm}^2$，延伸率 $\delta_5 \geqslant 20\%$，硬度 $\text{HB} = 102 \sim 133$。钢套筒的屈服承载力和抗拉承载力的标准值不应小于被连接钢筋的屈服承载力和抗拉承载力标准值的 1.10 倍。钢套筒的规格和尺寸，应符合表 1-22 的规定。其允许偏差：外径为 $\pm 1\%$，壁厚为 $+12\%$、-10%，长度为 $\pm 2\text{mm}$。钢套筒的尺寸与材料应与一定的挤压工艺配套，必须经生产厂型式检验认定。施工单位采用经过型式检验认定的套筒及挤压工艺进行施工，不要求对套筒原材料进行力学性能检验。

表 1-22   钢套筒的规格和尺寸表

钢套筒型号	钢套筒尺寸/mm			压接标志道数
	外径	壁厚	长度	
G40	70	12	240	8×2
G36	63	11	216	7×2
G32	56	10	192	6×2
G28	50	8	168	5×2
G25	45	7.5	150	4×2
G22	40	6.5	132	3×2
G20	36	6	120	3×2

2）挤压设备。钢筋挤压设备由压接钳、超高压泵站及超高压胶管等组成。其型号与参数见表 1-23。

表 1-23   钢筋挤压设备的主要技术参数表

	设备型号	YJH-25	YJH-32	YJH-40	YJ-32	YJ-40
压接钳	额定压力/MPa	80	80	80	80	80
	额定挤压力/kN	760	760	900	600	600
	外形尺寸/(mm×mm)	$\phi150 \times 433$	$\phi150 \times 480$	$\phi170 \times 530$	$\phi120 \times 500$	$\phi150 \times 520$
	重量/kg	28	33	41	32	36
	适用钢筋/mm	20~25	25~32	32~40	20~32	32~40
超高压泵站	电机	380V，50Hz，1.5kW			380V，50Hz，1.5kW	
	高压泵	80MPa，0.8L/min			80MPa，0.8L/min	
	低压泵	2.0MPa，4.0~6.0L/min			—	
	外形尺寸	790×540×785（长×宽×高）(mm×mm×mm)			390×525（高）(mm×mm)	
	重量/kg	96	油箱容积/L	20	40，油箱12	
超高压胶管		100MPa，内径6.0mm，长度3.0m（5.0m）				

3）挤压工艺。

A. 准备工作。

第一，钢筋端头的锈、泥沙、油污等杂物应清理干净。

第二，钢筋与套筒应进行试套，如钢筋有马蹄、弯折或纵肋尺寸过大者，应预先矫正或用砂轮打磨；对不同直径钢筋的套筒不应串用。

第三，钢筋端部应划出定位标记与检查标记。定位标记与钢筋端头的距离为钢套筒长度的一半，检查标记与定位标记的距离一般为20mm。

第四，检查挤压设备情况，并进行试压，符合要求后方可作业。

B. 挤压作业。钢筋挤压连接宜先在地面上挤压一端套筒，在施工作业区插入待接钢筋后再挤压另端套筒。

压接钳就位时，应对正钢套筒压痕位置的标记，并使压模运动方向与钢筋两纵肋所在的平面相垂直，即保证最大压接面能在钢筋的横肋上。压接钳施压顺序由钢套筒中部顺次向端部进行。每次施压时，主要控制压痕深度。

4）工艺参数。在选择合适的材质、钢套筒以及压接设备、压模后，接头性能主要取决于挤压变形量的工艺参数。挤压变形量包括压痕最小直径和压痕总宽度，见表1-24与表1-25。

表1-24　同规格钢筋连接时的参数选择表

连接钢筋规格	钢套筒型号	压模型号	压痕最小直径允许范围/mm	压痕最小总宽度/mm
$\phi40\sim40$	G40	M40	60~63	≥80
$\phi36\sim36$	G36	M36	54~57	≥70
$\phi32\sim32$	G32	M32	48~51	≥60
$\phi28\sim28$	G28	M28	41~44	≥55
$\phi25\sim25$	G25	M25	37~39	≥50
$\phi22\sim22$	G22	M22	32~34	≥45
$\phi20\sim20$	G20	M20	29~31	≥45
$\phi18\sim18$	G18	M18	27~29	≥40

表1-25　不同规格钢筋连接时的参数选择表

连接钢筋规格	钢套筒型号	压膜型号	压痕最小直径允许范围/mm	压痕最小总宽度/mm
$\phi40\sim36$	G40	$\phi40$端 M40	60~63	≥80
		$\phi36$端 M36	57~60	≥80
$\phi36\sim32$	G36	$\phi36$端 M36	54~57	≥70
		$\phi32$端 M32	51~54	≥70
$\phi32\sim28$	G32	$\phi32$端 M32	48~51	≥60
		$\phi28$端 M28	45~48	≥60
$\phi28\sim25$	G28	$\phi28$端 M28	41~44	≥55
		$\phi25$端 M25	38~41	≥55
$\phi25\sim22$	G25	$\phi25$端 M25	37~39	≥50
		$\phi22$端 M22	35~37	≥50
$\phi25\sim20$	G25	$\phi25$端 M25	37~39	≥50
		$\phi20$端 M20	33~35	≥50

连接钢筋规格	钢套筒型号	压膜型号	压痕最小直径允许范围/mm	压痕最小总宽度/mm
$\phi 22\sim 20$	G22	$\phi 22$ 端 M20	$32\sim 34$	$\geqslant 45$
		$\phi 20$ 端 M20	$31\sim 33$	$\geqslant 45$
$\phi 22\sim 18$	G22	$\phi 22$ 端 M20	$32\sim 34$	$\geqslant 45$
		$\phi 18$ 端 M18	$29\sim 31$	$\geqslant 45$
$\phi 20\sim 18$	G20	$\phi 22$ 端 M20	$29\sim 31$	$\geqslant 45$
		$\phi 18$ 端 M18	$28\sim 30$	$\geqslant 45$

压痕总宽度是指接头一侧每一道压痕底部平直部分宽度之和。该宽度应在表1-23和表1-24规定的范围内。小于这一宽度，接头的性能达不到要求；大于这一宽度，钢套筒的长度要增加。压痕总宽度一般由各生产厂家根据各自设备、压模刃口的尺寸和形状，通过在其所售钢套筒上喷上挤压道数标志或出厂技术文件中确定。

在实际工程中，由现场操作者来控制的主要是压痕最小直径，它应在表1-23和表1-24规定的范围内。压痕最小直径大于这一范围，即变形太小，会使钢套筒与钢筋横肋咬合小，抱紧不够，接头受拉时，钢筋从钢套筒中滑出或接头强度达不到要求；小于这一范围，钢套筒发生了过大的塑性变形，在压痕处就有可能引起破裂或由于硬化而变脆，也有可能会由于压痕处套筒太薄，拉伸时可能在此压痕处被拉断，还会加重设备的超负荷。当钢筋横肋或钢套筒壁厚为负偏差时，压痕最小直径应取此范围的较小值；反之则应取较大值。

压痕最小直径一般是通过挤压机上的压力表读数来间接控制的。由于钢套筒的材质不同，造成其硬度、韧性等也不同。因此，会造成挤压至所要求的压痕最小直径时所需要的压力也不同。实际挤压时，压力表读数一般为60~70MPa，也有在54~80MPa之间，这就要求操作者在挤压不同批号钢套筒时必须进行试压，以确定挤压到标准所要求的压痕直径时所需的压力值。

5）异常现象及消除措施。在套筒挤压连接中，当出现异常现象或连接缺陷时，宜按表1-26查找原因，采取措施，及时消除。

表1-26   **钢筋套筒挤压连接异常现象及消除措施表**

项次	异常现象和缺陷	原因或消除措施
1	挤压机无挤压力	（1）高压油管连接位置不正确； （2）油泵故障
2	钢套筒套不进钢筋	（1）钢筋弯折或纵肋超偏差； （2）砂轮修磨纵肋
3	压痕分布不均	压接时将压模与钢套筒的压接标志对正
4	接头弯折超过规定值	（1）压接时摆正钢筋； （2）切除或调直钢筋弯头
5	压接程度不够	（1）泵压不足； （2）钢套筒材料不符合要求
6	钢筋伸入套筒内长度不够	（1）未按钢筋伸入位置、标志挤压； （2）钢套筒材料不符要求
7	压痕明显不均	检查钢筋在套筒内伸入度是否有压空现象

6) 套筒挤压接头质量检验。

A. 钢套筒进场，必须有原材料试验单与套筒出厂合格证，并由该技术提供单位，提交有效的型式检验报告。

B. 钢筋套筒挤压连接开始前及施工过程中，应对每批进场钢筋进行挤压连接工艺检验。工艺检验应符合下列要求：①每种规格钢筋的接头试件不应少于 3 个；②接头试件的钢筋母材应进行抗拉强度试验；③3 个接头试件强度均应符合现行行业标准《钢筋机械连接技术规程》（JGJ 107—2010）中相应等级的强度要求，对于 A 级接头，试件抗拉强度尚应不小于 0.9 倍钢筋母材的实际抗拉强度（计算实际抗拉强度时，应采用钢筋的实际横截面面积）。

C. 钢筋套筒挤压接头现场检验，一般只进行接头外观检查和单向拉伸试验。

第一，取样数量。同批条件为：材料、等级、型式、规格、施工条件相同。批的数量为 500 个接头，不足此数时也作为一个验收批。对每一验收批，应随机抽取 10% 的挤压接头作外观检查；抽取 3 个试件作单向拉伸试验。在现场检验合格的基础上，连续 10 个验收批单向拉伸试验合格率为 100% 时，可以扩大为原来验收批所代表接头数量的 2 倍。

第二，外观检查。挤压接头的外观检查，应符合下列要求：

挤压后套筒长度应为 1.10～1.15 倍原套筒长度，或压痕处套筒的外径为 0.8～0.9 原套筒的外径。

挤压接头的压痕道数应符合型式检验确定的道数。

接头处弯折不应大于 4°；挤压后的套筒不得有肉眼可见的裂缝。

如外观质量合格数不小于抽检数的 90%，则该批为合格。如不合格数超过抽检数的 10%，则应逐个进行复验。在外观不合格的接头中抽取 6 个试件作单向拉伸试验再判别。

第三，单向拉伸试验。3 个接头试件的抗拉强度均应满足 A 级或 B 级抗拉强度的要求。如有一个试件的抗拉强度不符合要求，则加倍抽样复验。复验中如仍有一个试件检验结果不符合要求，则该验收批单向拉伸试验判为不合格。

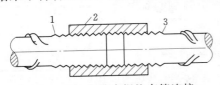

图 1-23　钢筋直螺纹套筒连接
示意图
1—已连接的钢筋；2—直螺纹套筒；
3—正在拧入的钢筋

（2）钢筋镦粗直螺纹套筒连接。钢筋镦粗直螺纹套筒连接是先将钢筋端头镦粗，再切削成直螺纹，然后用带直螺纹的套筒将钢筋两端拧紧的钢筋连接方法（见图 1-23）。

镦粗直螺纹钢筋接头的特点：钢筋端部经冷镦后不仅直径增大，使套丝后丝扣底部横截面积不小于钢筋原截面积，而且由于冷镦后钢材强度的提高，致使接头部位有很高的强度，断裂均发生母材，达到 SA 级接头性能的要求。

这种接头的螺纹精度高，接头质量稳定性好，操作简便，连接速度快，价格适中。

1) 机具设备。

A. 钢筋液压冷镦机，是钢筋端头镦粗用的一种专用设备。其型号有：HJC200 型（φ18～40）、HJC250 型（φ20～40）、GZD40、CDJ-50 型等。

B. 钢筋直螺纹套丝机，是将已镦粗或未镦粗的钢筋端头切削成直螺纹的一种专用设备。其型号有：GZL-40、HZS-40、GTS-50型等。

C. 扭力扳手、量规（通、止环规）等。

2）镦粗直螺纹套筒。

A. 材质要求：对HRB335级钢筋，采用45号优质碳素钢；对HRB400级钢筋，采用45号经调质处理，或用性能不低于HRB400钢筋性能的其他钢种。

B. 规格型号及尺寸：

第一，同径连接套筒，分右旋和左右旋两种（见图1-24），其尺寸见表1-27和表1-28。

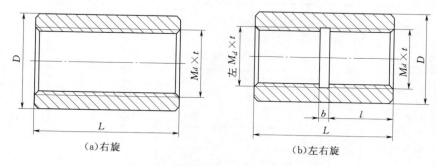

（a）右旋　　　　　　　　　　　（b）左右旋

图1-24　同径连接套筒示意图

表1-27　　　　　　　　　　　同径右旋连接筒表

型号与标记	$M_d \times t$	D/mm	L/mm	型号与标记	$M_d \times t$	D/mm	L/mm
A20S-G	M24×2.5	36	50	A32S-G	M36×3	52	72
A22S-G	M26×2.5	40	55	A36S-G	M40×3	58	80
A25S-G	M29×2.5	43	60	A40S-G	M44×3	65	90
A28S-G	M32×3	46	65				

表1-28　　　　　　　　　　　同径左右旋连接套筒表

型号与标记	$M_d \times t$	D/mm	L/mm	l/mm	b/mm
A20SLR-G	M24×2.5	38	56	24	8
A22SLR-G	M26×2.5	42	60	26	8
A25SLR-G	M29×2.5	45	66	29	8
A28SLR-G	M32×3	48	72	31	10
A32SLR-G	M36×3	54	80	35	10
A36SLR-G	M40×3	60	86	38	10
A40SLR-G	M44×3	67	96	43	10

第二，异径连接套筒，见表1-29。

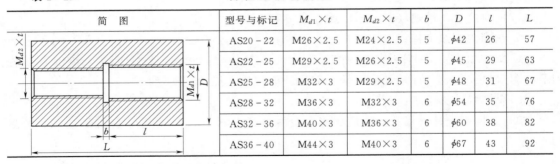

表 1－29 异 径 连 接 套 筒 表

简 图	型号与标记	$M_{d1} \times t$	$M_{d2} \times t$	b	D	l	L
	AS20－22	M26×2.5	M24×2.5	5	φ42	26	57
	AS22－25	M29×2.5	M26×2.5	5	φ45	29	63
	AS25－28	M32×3	M29×2.5	5	φ48	31	67
	AS28－32	M36×3	M32×3	6	φ54	35	76
	AS32－36	M40×3	M36×3	6	φ60	38	82
	AS36－40	M44×3	M40×3	6	φ67	43	92

第三，可调节连接套筒，见表1－30。

表 1－30 可 调 节 连 接 套 筒 表

简 图	型号和规格	钢筋规格 ϕ/mm	D_0/mm	L_0/mm	L'/mm	L_1/mm	L_2/mm
	DSJ－22	22	40	73	52	35	35
	DSJ－25	25	45	79	52	40	40
	DSJ－28	28	48	87	60	45	45
	DSJ－32	32	55	89	60	50	50
	DSJ－36	36	64	97	66	55	55
	DSJ－40	40	68	121	84	60	60

C. 质量要求。

第一，连接套筒表面无裂纹，螺牙饱满，无其他缺陷。

第二，牙形规检查合格，用直螺纹塞规检查其尺寸精度。

连接套筒两端头的孔，必须用塑料盖封上，以保持内部洁净，干燥防锈。

3）钢筋加工与检验。

A. 钢筋下料时，应采用砂轮切割机，切口的端面应与轴线垂直，不得有马蹄形或挠曲。

B. 钢筋下料后，在液压冷锻压床上将钢筋镦粗。不同规格的钢筋冷镦后的尺寸，见表1－31。根据钢筋直径、冷镦机性能及镦粗后的外形效果，通过试验确定适当的镦粗压

表 1－31 钢 筋 冷 镦 规 格 尺 寸 表

简 图	钢筋规格 ϕ/mm	镦粗直径 d/mm	长度 L/mm
	22	26	30
	25	29	33
	28	32	35
	32	36	40
	36	40	44
	40	44	50

力。操作中要保证镦粗头与钢筋轴线不应大于 4°的倾斜，不应出现与钢筋轴线相垂直的横向表面裂缝。发现外观质量不符合要求时，应及时割除，重新镦粗。

C. 钢筋冷镦后，在钢筋套丝机上切削加工螺纹。钢筋端头螺纹规格应与连接套筒的型号匹配。钢筋螺纹加工质量：牙形饱满、无断牙、秃牙等缺陷。

D. 钢筋螺纹加工后，随即用配置的量规逐根检测（见图 1-25）。合格后，再由专职质检员按一个工作班 10% 的比例抽样校验。如发现有不合格螺纹，应全部逐个检查，并切除所有不合格螺纹，重新镦粗和加工螺纹。

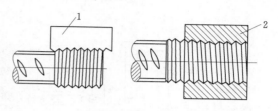

图 1-25 直螺纹接头量规示意图
1—牙形规；2—直螺纹环规

4）现场连接施工。

A. 对连接钢筋可自由转动的，先将套筒预先部分或全部拧入一个被连接钢筋的螺纹内，而后转动连接钢筋或反拧套筒到预定位置，最后用扳手转动连接钢筋，使其相互对顶锁定连接套筒。

B. 对于钢筋完全不能转动，如弯折钢筋或还要调整钢筋内力的场合，如施工缝、后浇块，可将锁定螺母和连接套筒预先拧入加长的螺纹内，再反拧入另一根钢筋端头螺纹上，最后用锁定螺母锁定连接套筒；或配套应用带有正反螺纹的套筒，以便从一个方向上能松开或拧紧两根钢筋。

C. 直螺纹钢筋连接时，应采用扭力扳手按表 1-32 规定的力矩值把钢筋接头拧紧。

表 1-32 直螺纹钢筋接头拧紧力矩值

钢筋直径/mm	16～18	20～22	25	28	32	36～40
拧紧力矩/(N·m)	100	200	250	280	320	350

5）接头质量检验。

A. 钢筋连接开始前及施工过程中，应对每批进场钢筋进行接头连接工艺检验。每种规格钢筋的接头试件不应少于 3 个，作单向拉伸试验。其抗拉强度应能发挥钢筋母材强度或大于 1.15 倍钢筋抗拉强度标准值。

B. 接头的现场检验按验收批进行。同一施工条件下采用同一批材料的同等级别、同规格接头，以 500 个为 1 个验收批。对接头的每一个验收批，必须在工程结构中随机抽取 3 个试件做单向拉伸试验。当 3 个试件的抗拉强度都能发挥钢筋母材强度或大于 1.15 倍钢筋抗拉强度标准值时，该验收批达到 SA 级强度指标。如有 1 个试件的抗拉强度不符合要求，应加倍取样复验。如 3 个试件的抗拉强度仅达到该钢筋的抗拉强度标准值，则该验收批降为 A 级强度指标。

在现场连续检验 10 个验收批，全部单向拉伸试件一次抽样均合格时，验收批接头数量可扩大 1 倍。

（3）钢筋滚压直螺纹套筒连接。钢筋滚压直螺纹套筒连接是利用金属材料塑性变形后冷作硬化增强金属材料强度的特性，使接头与母材等强的连接方法。根据滚压直螺纹成型方式，又可分为直接滚压螺纹、挤压肋滚压螺纹、剥肋滚压螺纹三种类型。

1) 滚压直螺纹加工与检验。

A. 直接滚压螺纹加工。采用钢筋滚丝机（型号：GZL－32、GYZL－40、GSJ－40、HGS40等）直接滚压螺纹。此法螺纹加工简单，设备投入少；但螺纹精度差，由于钢筋粗细不均导致螺纹直径差异，施工受影响。

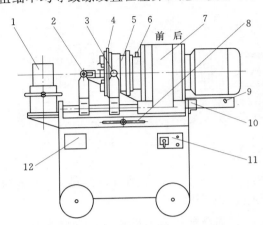

图1-26　钢筋剥肋滚丝机示意图

1—台钳；2—涨刀触头；3—收刀触头；4—剥肋机构；

5—滚丝头；6—上水管；7—减速机；8—进给手柄；

9—行程挡块；10—行程开关；

11—控制面板；12—标牌

B. 挤肋滚压螺纹加工。采用专用挤压设备滚轮先将钢筋的横肋和纵肋进行预压平处理，然后再滚压螺纹。其目的是减轻钢筋肋对成型螺纹的影响。此法对螺纹精度有一定提高，但仍不能从根本上解决钢筋直径差异对螺纹精度的影响，螺纹加工需要两套设备。

C. 剥肋滚压螺纹加工。采用钢筋剥肋滚丝机（型号：GHG40、GHG50），先将钢筋的横肋和纵肋进行剥切处理后，使钢筋滚丝前的柱体直径达到同一尺寸，然后再进行螺纹滚压成型。此法螺纹精度高，接头质量稳定，施工速度快，价格适中，具有较大的发展前景。

钢筋剥肋滚丝机由台钳、剥肋机构、滚丝头、减速机、涨刀机构、冷却系统、电器控制系统、机座等组成（见图1-26）。其工作过程：将待加工钢筋夹持在夹钳上，开动机器，扳动进给装置，使动力头向前移动，开始剥肋滚压螺纹，待滚压到调定位置后，设备自动停机并反转，将钢筋端部退出滚压装置，扳动进给装置将动力头复位停机，螺纹即加工完成。该机主要技术性能见表1-33。

表1-33　　　　　　　　　　GHG40型钢筋剥肋滚丝机主要技术性能

滚丝头型号	40型［或Z40型（左旋）］			
滚丝轮型号	A20	A25	A30	A35
滚压螺纹螺距/mm	2	2.5	3.0	3.5
钢筋规格	16	18、20、22	25、28、32	36、40
整机质量/kg	590			
主电机功率/kW	4			
水泵电机功率/kW	0.09			
工作电压	380V 50Hz			
外形尺寸(长×宽×高)/(mm×mm×mm)	1200×600×1200			

剥肋滚丝头加工尺寸应符合表1-34的规定。丝头加工长度为标准型套筒长度的1/2，其公差为＋2P（P为螺距）。

表 1-34	剥肋滚丝头加工尺寸			单位：mm
规格	剥肋直径	螺纹尺寸	丝头长度	完整丝扣圈数
16	15.1±0.2	M16.5×2	22.5	≥8
18	16.9±0.2	M19×2.5	27.5	≥7
20	18.8±0.2	M21×2.5	30.0	≥8
22	20.8±0.2	M23×2.5	32.5	≥9
25	23.7±0.2	M26×3	35.0	≥9
28	26.6±0.2	M29×3	40.0	≥10
32	30.5±0.2	M33×3	45.0	≥11
36	34.5±0.2	M37×3.5	49.0	≥9
40	38.1±0.2	M41×3.5	52.5	≥10

操作工人应按表 1-33 的要求检查丝头加工质量，每加工 10 个丝头用通、止环规检查一次（见图 1-27）。经自检合格的丝头，应由质检员随机抽样进行检验，以一个工作班内生产的丝头为一个验收批，随机抽样 10％，且不应少于 10 个。当合格率小于 95％时，应加倍抽检，复检中合格率仍小于 95％时，应对全部钢筋丝头逐个进行检验，切去不合格丝头，查明原因，并重新加工螺纹。

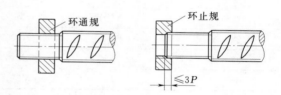

图 1-27　剥肋滚压丝头质量检查图

2）滚压直螺纹套筒。滚压直螺纹接头用连接套筒，采用优质碳素结构钢。连接套筒的类型有：标准型、正反丝扣型、变径型、可调型等，与镦粗直螺纹套筒类型相同。

滚压直螺纹接头用连接套筒的规格与尺寸应符合表 1-35～表 1-37 的规定。

表 1-35	标准型套筒的几何尺寸		单位：mm
规格	螺纹直径	套筒外径	套筒长度
16	M16.5×2	25	45
18	M19×2.5	29	55
20	M21×2.5	31	60
22	M23×2.5	33	65
25	M26×3	39	70
28	M29×3	44	80
32	M33×3	49	90
36	M37×3.5	54	98
40	M41×3.5	59	105

常用变径型套筒几何尺寸表

套筒规格	外径	小端螺纹	大端螺纹	套筒总长
16～18	29	M16.5×2	M19×2.5	50
16～20	31	M16.5×2	M21×2.5	53
18～20	31	M19×2.5	M21×2.5	58
18～22	33	M19×2.5	M23×2.5	60
20～22	33	M21×2.5	M23×2.5	63
20～25	39	M21×2.5	M26×3	65
22～25	39	M23×2.5	M26×3	68
22～28	44	M23×2.5	M29×3	73
25～28	44	M26×3	M29×3	75
25～32	49	M26×3	M33×3	80
28～32	49	M29×3	M33×3	85
28～36	54	M29×3	M37×3.5	89
32～36	54	M33×3	M37×3.5	94
32～40	59	M33×3	M41×3.5	98
36～40	59	M37×3.5	M41×3.5	102

表 1－37 可调型套筒几何尺寸表 单位：mm

规格	螺纹直径	套筒总长	旋出后长度	增加长度
16	M16.5×2	118	141	96
18	M19×2.5	141	169	114
20	M21×2.5	153	183	123
22	M23×2.5	166	199	134
25	M26×3	179	214	144
28	M29×3	199	239	159
32	M33×3	222	267	117
36	M37×3.5	244	293	195
40	M41×3.5	261	314	209

注 表中"增加长度"为可调型套筒比普通套筒加长的长度，施工配筋时应将钢筋的长度按此数进行缩短。

3）现场连接施工。

A. 连接钢筋时，钢筋规格和套筒的规格必须一致，钢筋和套筒的丝扣应干净、完好无损。

B. 采用预埋接头时，连接套筒的位置、规格和数量应符合设计要求。带连接套筒的钢筋应固定牢靠，连接套筒的外露端应有保护盖。

C. 滚压直螺纹接头应使用扭力扳手或管钳进行施工，将两个钢筋丝头在套筒中间位置相互顶紧，接头拧紧力矩应符合表 1－38 的规定。扭力扳手的精度为±5％。

表 1–38 　　　　　　　　　　　　　　钢筋接头拧紧力矩值

钢筋直径/mm	16	18	20	22	25～28	32	36～40
拧紧力矩值 /(N·m)	118	145	177	216	275	314	343

D. 经拧紧后的滚压直螺纹接头应做出标记，单边外露丝扣长度不应超过 $2P$。

E. 根据待接钢筋所在部位及转动难易情况，选用不同的套筒类型，采取不同的安装方法，见图 1–28～图 1–31。

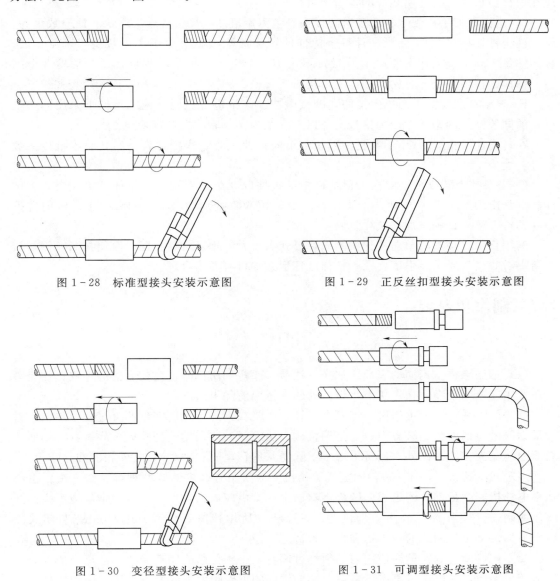

图 1–28　标准型接头安装示意图　　　　　图 1–29　正反丝扣型接头安装示意图

图 1–30　变径型接头安装示意图　　　　　图 1–31　可调型接头安装示意图

4) 接头质量检验。

A. 工程中应用滚压直螺纹接头时，技术提供单位应提交有效的型式检验报告。

B. 钢筋连接作业开始前及施工过程中，应对每批进场钢筋进行接头连接工艺检验，工艺检验应符合下列要求：

第一，每种规格钢筋的接头试件不应少于 3 根。

第二，接头试件的钢筋母材应进行抗拉强度试验。

第三，3 根接头试件的抗拉强度均不应小于该级别钢筋抗拉强度的标准值，同时尚应不小于 0.9 倍钢筋母材的实际抗拉强度。

C. 现场检验应进行拧紧力矩检验和单向拉伸强度试验。对接头有特殊要求的结构，应在设计图纸中另行注明相应的检验项目。

D. 用扭力扳手按表 1-37 规定的接头拧紧力矩值抽检接头的施工质量。抽检数量为：梁、柱构件按接头数的 15%，且每个构件的接头抽检数不得少于 1 个接头，基础、墙、板构件每 100 个接头作为 1 个验收批，不足 100 个也作为 1 个验收批，每批抽检 3 个接头。抽检的接头应全部合格；如有 1 个接头不合格，则该验收批接头应逐个检查并拧紧。

E. 滚压直螺纹接头的单向拉伸强度试验按验收批进行。同一施工条件下采用同一批材料的同等级、同型式、同规格接头，以 500 个为 1 个验收批进行检验。

在现场连续检验 10 个验收批，其全部单向拉伸试验 1 次抽样合格时，验收批接头数量可扩大为 1000 个。

F. 对每一个验收批，应在工程结构中随机抽取 3 个试件做单向拉伸试验。当 3 个试件抗拉强度均不小于 A 级接头的强度要求时，该验收批判为合格。如有一个试件的抗拉强度不符合要求，则应加倍取样复验。

滚压直螺纹接头的单向拉伸试验破坏形式有三种：钢筋母材拉断、套筒拉断、钢筋从套筒中滑脱，只要满足强度要求，任何破坏形式均可判断为合理。

1.7 制作和安装

1.7.1 加工

（1）钢筋除锈。钢筋的表面应洁净。油渍、漆污和用锤敲击时能剥落的浮皮、铁锈等应在使用前清除干净。在焊接前，焊点处的水锈应清除干净。

钢筋的除锈，一般可通过下列两个途径：一是在钢筋冷拉或钢丝调直过程中除锈，对大量钢筋的除锈较为经济省力；二是用机械方法除锈，如采用电动除锈机除锈，对钢筋的局部除锈较为方便。此外，还可采用手工除锈（用钢丝刷、砂盘）、喷砂和酸洗除锈等。

固定式除锈机见图 1-32，固定式除锈机分为封闭式和敞开式两种类型。它主要由小功率电动机和圆盘钢丝刷组成。圆盘钢丝刷由厂家供应成品，也可自行用钢丝绳废头拆开取丝编制，直径为 25～35cm，厚度为 5～15cm，所用转速一般为 1000r/min。封闭式除锈机另加装一个封闭式的排尘罩和排尘管道。

（2）钢筋调直。钢筋在使用前必须经过调直，否则会影响钢筋受力，甚至会使混凝土提前产生裂缝，如未调直直接下料，会影响钢筋的下料长度，并影响后续工序的质量。

钢筋调直分为人工调直和机械调直两种，人工调直主要针对数量较小、缺乏调直设备的钢筋进行调直，机械调直主要针对数量较多或者人工无法调直的钢筋进行调直。

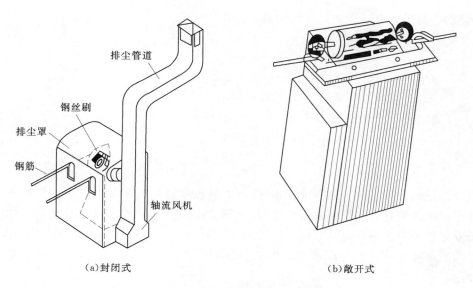

（a）封闭式   （b）敞开式

图 1-32 　固定式除锈机示意图

1）人工调直。

A. 钢丝的人工调直。冷拔低碳钢丝经冷拔加工后塑性下降，硬度增高，用一般人工平直方法调直较困难，因此一般采用机械调直的方法。但在工程量小，缺乏设备的情况下，可以采用蛇形管或夹轮牵引调直。

蛇形管是用长 40~50cm 外径 2cm 的厚壁钢管（或用外径 2.5cm 钢管内衬弹簧圈）弯曲成蛇形，钢管内径稍大于钢丝直径，蛇形管四周钻小孔，钢丝拉拔时可使锈粉从小孔中排出。管两端连接喇叭进出口，将蛇形管固定在支架上，需要调直的钢丝穿过蛇形管，用人力向前牵引，即可将钢丝基本调直，局部弯曲处可用小锤加以平直，见图 1-33。

冷拔低碳钢丝还可通过夹轮牵引调直架，见图 1-34。

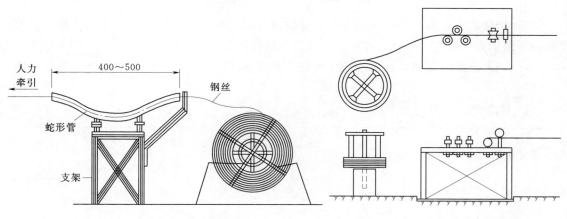

图 1-33 　蛇形管调直架示意图（单位：mm）　　　　图 1-34 　夹轮牵引调直架示意图

B. 盘圆钢筋人工调直。直径 10mm 以下的盘圆钢筋可用绞磨拉直钢筋装置见图 1-35，先将盘圆钢筋搁在放圈架上，人工将钢筋拉到一定长度切断，分别将钢筋两端夹在地锚和绞磨的夹具上，推动绞磨，即可将钢筋拉直。

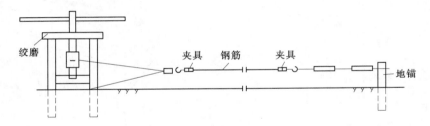

图 1-35　绞磨拉直钢筋装置示意图

C. 粗钢筋人工调直。一般直径 10mm 以上的粗钢筋是直条状，在运输和堆放过程中易造成弯曲，其调直方法是：根据具体弯曲情况将钢筋弯曲部位置于工作台的扳柱间，就势利用手工扳子将钢筋弯曲基本调直，如图 1-36 所示。也可手持直段钢筋处作为力臂，直接将钢筋弯曲处放在扳柱间扳直，然后将基本矫直的钢筋放在铁砧上，人工敲直粗钢筋，如图 1-37 所示。

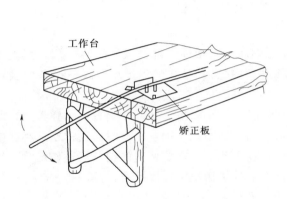

图 1-36　人工调直粗钢筋示意图

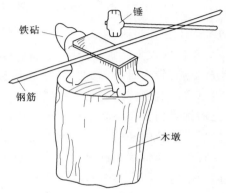

图 1-37　人工敲直粗钢筋示意图

2）机械调直。钢筋的机械调直即用钢筋调直机、弯筋机、卷扬机等调直。钢筋调直机用于圆钢筋的调直和切断，并可清除其表面的氧化皮和污迹。

A. 调直设备。钢筋调直机的技术性能，见表 1-39。GT3/8 型钢筋调直机外形见图 1-38。

表 1-39　　　　　　　　　　　　　　钢筋调直机技术性能

机械型号	钢筋直径 /mm	调直速度 /(m/min)	断料长度 /mm	电机功率 /kW	外形尺寸（长×宽×高） /(mm×mm×mm)	机重 /kg
GT3/8	3～8	40、65	300～6500	9.25	1854×741×1400	1280
GT6/12	6～12	36、54、72	300～6500	12.6	1770×535×1457	1230

注　表中所列的钢筋调直机断料长度误差均不大于 3mm。

B. 调直工艺。

第一，采用钢筋调直机调直冷拔钢丝和细钢筋时，要根据钢筋的直径选用调直模和传

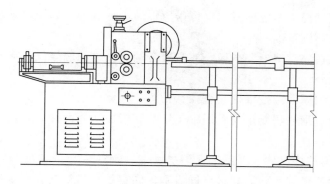

图 1-38 GT3/8 型钢筋调直机示意图

送压辊,并要正确掌握调直模的偏移量和压辊的压紧程度。

调直模的偏移量(见图 1-39),根据其磨耗程度及钢筋品种通过试验确定;调直筒两端的调直模一定要在调直前后导孔的轴心线上,这是钢筋能否调直的一个关键。如果发现钢筋调得不直就要从以上两方面检查原因,并及时调整调直模的偏移量。

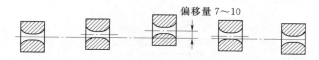

偏移量 7~10

图 1-39 调直模的安装示意图(单位:mm)

压辊的槽宽,一般在钢筋穿入压辊之后,在上下压辊间宜有 3mm 之内的间隙。压辊的压紧程度要做到既保证钢筋能顺利地被牵引前进,看不出钢筋有明显的转动,而在被切断的瞬时钢筋和压辊间又能允许发生打滑。

应当注意:冷拔钢丝和冷轧带肋钢筋经调直机调直后,其抗拉强度一般要降低 10%~15%。使用前应加强检验,按调直后的抗拉强度选用。如果钢丝抗拉强度降低过大,则可适当降低调直筒的转速和调直块的压紧程度。

第二,采用冷拉方法调直钢筋时,HPB235 级钢筋的冷拉率不宜大于 4%,HRB335级、HRB400 级及 RRB400 级冷拉率不宜大于 1%。

C. 操作钢筋调直切断机应注意事项:

第一,按所需调直钢筋的直径选用适当的调直模、送料、牵引轮槽及速度,调直模的孔径应比钢筋直径大 2~5mm,调直模的大口应面向钢筋进入的方向。

第二,必须注意调整调直模。调直筒内一般设有 5 个调直模,第 1、第 5 两个调直模须放在中心线上,中间 3 个可偏离中心线。先使钢筋偏移 3mm 左右的偏移量,经过试调直如钢筋仍有宏观弯曲,可逐渐加大偏移量;如钢筋存在微观弯曲,应逐渐减少偏移量,直到调直为止。

第三,切断 3~4 根钢筋后,停机检查其长度是否合适。如有偏差,可调整限位开关或定尺板。

第四,导向套前部,应安装一根长度为 1m 左右的钢管。需调直的钢筋应先穿过该钢管,然后穿入导向套和调直筒,以防止每盘钢筋接近调直完毕时其端头弹出伤人。

第五，在调直过程中不应任意调整传送压辊的水平装置，如调整不当，阻力增大，会造成机内断筋，损坏设备。

第六，盘条放在放盘架上要平稳。放盘架与调直机之间应架设环形导向装置，避免断筋、乱筋时出现意外。

第七，已调直的钢筋应按级别、直径、长短、根数分别堆放。

（3）钢筋切断。钢筋切断主要采用手工切断和机械切断两种方式进行，钢筋切断前应作好以下准备工作：

A. 首先应根据结构尺寸、混凝土保护层厚度、钢筋弯起调整值确定下料长度，汇总当班所要切断的钢筋料牌，将同规格（同级别、同直径）的钢筋分别统计，按不同长度进行长短搭配，一般情况下先断长料，后断短料，以尽量减少短头，减少损耗。

B. 检查测量长度所用工具或标志的准确性，在工作台上有量尺刻度线的，应事先检查定尺卡板的牢固性和可靠性。切断机工作台和定尺卡板见图1-40。在断料时应避免用短尺量长料，防止在量料中产生累计误差。

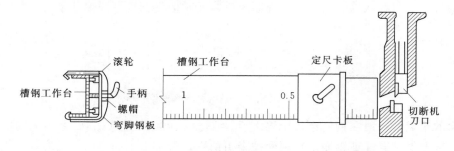

图1-40　切断机工作台和定尺卡板示意图

C. 对根数较多的批量切断任务，在正式操作前应试切2~3根，以检验长度的准确。

钢筋切断有人工剪断、机械切断、氧气切割等三种方法。直径大于40mm的钢筋一般用氧气切割。

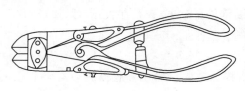

图1-41　断线钳示意图

1）手工切断。手工切断的工具有以下几种。

A. 断线钳。断线钳是定型产品，见图1-41，按其外形长度可分为450mm、600mm、750mm、900mm、1050mm等5种，最常用的是600mm断线钳。断线钳用于切断直径5mm以下的钢丝。

B. 手动液压钢筋切断机。手动液压钢筋切断机构造见图1-42，它由滑轨、刀片、压杆、柱塞、活塞、储油筒、回位弹簧及缸体等组成，能切断直径16mm以下的钢筋、直径25mm以下的钢绞线。这种机具具有体积小、重量轻、操作简单、便于携带的特点。

手动液压钢筋切断机操作时把放油阀按顺时针方向旋紧，撬动压杆使柱塞提升，吸油阀被打开，工作油进入油室；提升压杆，工作油便被压缩进入缸体内腔，压力油推动活塞前进，安装在活塞前部的刀片即可断料。切断完毕后立即按逆时针方向旋开放油阀，在回

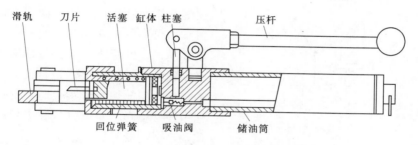

图 1-42　GJ5Y-16 型手动液压钢筋切断机示意图

位弹簧的作用下，压力油又流回油室，刀片自动缩回缸内。如此重复动作，进行切断钢筋操作。

C. 手压切断器。手压切断器用于切断直径 16mm 以下的 I 级钢筋，见图 1-43。手压切断器由固定刀片、活动刀片、底座、手柄等组成，固定刀片连接在底座上，活动刀片通过几个轴（或齿轮）以杠杆原理加力来切断钢筋，当钢筋直径较大时可适当加长手柄。

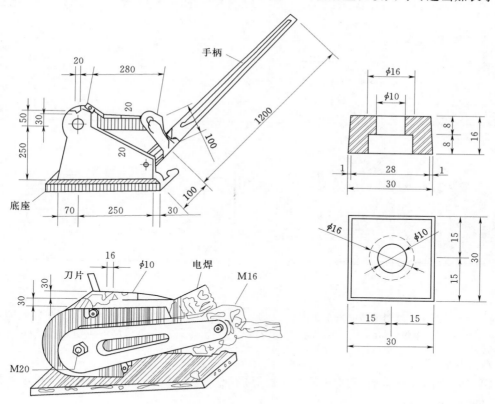

图 1-43　手压切断器（单位：mm）
注：刀片可用 45 号钢淬火 55℃，其他均用 A3 钢。

D. 克子切断器。克子切断器用于钢筋加工量少或缺乏切断设备的场合。使用时将下克插在铁砧的孔里，把钢筋放在下克槽里，上克边紧贴下克边，用大锤敲击上克使钢筋切断，见图 1-44。

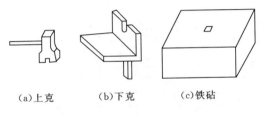

(a)上克　　　(b)下克　　　(c)铁砧

图1-44　克子切断器（单位：mm）

手工切断工具如没有固定基础，在操作过程中可能发生移动，因此采用卡板作为控制切断尺寸的标志。而大量切断钢筋时，就必须经常复核断料尺寸是否准确，特别是一种规格的钢筋切断量很大时，更应在操作过程中经常检查，避免刀口和卡板间距离发生移动，引起断料尺寸错误。

2）机械切断。

A. 切断设备。钢筋切断机是用来把钢筋原材料或已调直的钢筋切断，其主要类型有机械式、液压式和手持式钢筋切断机。机械式钢筋切断机有偏心轴立式、凸轮式和曲柄连杆式等型式。钢筋切断机技术性能，见表1-40。钢筋切断机外形见图1-45与图1-46。

表1-40　　　　　　　　　　　　　　钢筋切断机技术性能

机械型号	钢筋直径 /mm	每分钟切断次数	切断力 /kN	工作压力 /(N/mm²)	电机功率 /kW	外形尺寸（长×宽×高）/(mm×mm×mm)	重量 /kg
GQ40	6～40	40	—	—	3.0	1150×430×750	600
GQ40B	6～40	40	—	—	3.0	1200×490×570	450
GQ50	6～50	30	—	—	5.5	1600×690×915	950
DYQ32B	6～32	—	320	45.5	3.0	900×340×380	145

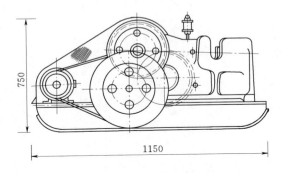

图1-45　GQ40型钢筋切断机示意图
（单位：mm）

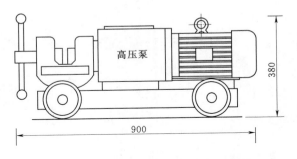

图1-46　DYQ32B电动液压切断机示意图
（单位：mm）

B. 切断工艺。

第一，将同规格钢筋根据不同长度长短搭配，统筹排料；一般应先断长料，后断短料，减少短头，减少损耗。

第二，断料时应避免用短尺量长料，防止在量料中产生累计误差。为此，宜在工作台上标出尺寸刻度线并设置控制断料尺寸用的挡板。

第三，钢筋切断机的刀片，应由工具钢热处理制成。刀片形状可见图1-47。安装刀片时，螺丝要紧固，刀口要密合（间隙不大于0.5mm）；固定刀片与冲切刀片刀口的距离：对直径不大于20mm的钢筋宜重叠1～2mm，对直径大于20mm的钢筋宜留5mm左右。

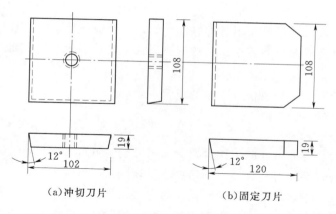

图 1-47 钢筋切断机的刀片形状示意图（单位：mm）

第四，在切断过程中，如发现钢筋有劈裂、缩头或严重的弯头等必须切除；如发现钢筋的硬度与该钢种有较大的出入，应及时向有关人员反映，查明情况。

第五，钢筋的断口，不得有马蹄形或起弯等现象。

3）操作钢筋切断机应注意事项。

A. 被切钢筋应调直后才能切断。

B. 在断短料时，不用手扶的一端应用 1m 以上长度的钢管套压。

C. 切断钢筋时，操作者的手只准握在靠边一端的钢筋上，禁止使用两手分别握在钢筋的两端剪切。

D. 向切断机送料时，要注意：

第一，钢筋要摆直，不要将钢筋弯成弧形。

第二，操作者要将钢筋握紧。

第三，应在冲切刀片向后退时送进钢筋，如来不及送料，宁可等下一次退刀时再送料。否则，可能发生人身安全或设备事故。

第四，切断 30cm 以下的短钢筋时，不能用手直接送料，可用钳子将钢筋夹住送料。

第五，机器运转时，不应进行任何修理、校正或取下防护罩，不得触及运转部位，严禁将手放在刀片切断位置，铁屑、铁沫不应用手抹或嘴吹，一切清洁扫除应停机后进行。

第六，禁止切断规定范围外的材料，烧红的钢筋及超过刀刃硬度的材料。

第七，操作过程中如发现机械运转不正常，或有异常响声，或刀片离合不好等情况，要立即停机，并进行检查、修理。

E. 电动液压式钢筋切断机需注意：

第一，检查油位及电动机旋转方向是否正确。

第二，先松开放油阀，空载运转 2min，排掉缸体内空气，然后拧紧。手握钢筋稍微用力将活塞刀片拨动一下，给活塞以压力，即可进行剪切工作。

F. 手动液压式钢筋切断机还需注意：

第一，使用前应将放油阀按顺时针方向旋紧，切断完毕后，立即按逆时针方向旋开。

第二，在准备工作完毕后，拔出柱销，拉开滑轨，将钢筋放在滑轨圆槽中，合上滑轨，即可剪切。

（4）钢筋弯曲成型。将已切断、配好的钢筋，弯曲成所规定的形状尺寸是钢筋加工的一道主要工序。钢筋弯曲成型要求加工的钢筋形状正确，平面上没有翘曲不平的现象，便于绑扎安装。

钢筋弯曲成型有手工和机械弯曲成型两种方法。

1）手工弯曲成型。

A. 加工工具及装置。

第一，工作台。弯曲钢筋的工作台，台面尺寸约为 600cm×80cm（长×宽），高度约为 80～90cm。工作台要求稳固牢靠，避免在工作时发生晃动。

第二，手摇板。手摇板是弯曲盘圆钢筋的主要工具，见图 1-48。手摇板 A 是用来弯制 12mm 以下的单根钢筋；手摇板 B 可弯制 8mm 以下的多根钢筋，一次可弯制 4～8 根，主要适宜弯制箍筋。

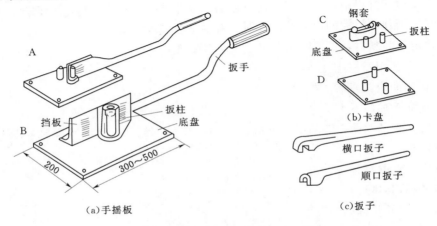

图 1-48　手工弯曲钢筋的工具示意图（单位：mm）

手摇板为自制，它由一块钢板底盘和扳柱、扳手组成。扳手长度 30～50cm，可根据弯制钢筋直径适当调节，扳手用 14～18mm 钢筋制成；钢板底盘厚 4～6mm。操作时将底盘固定在工作台上，底盘面与台面相平。

如果使用钢制工作台，挡板、扳柱可直接固定在台面上。

第三，卡盘。卡盘是弯粗钢筋的主要工具之一，它由一块钢板底盘和扳柱组成。底盘约厚 12mm，固定在工作台上；扳柱直径应根据所弯制钢筋来选择，一般为 20～25mm。

卡盘有两种形式：①在一块钢板上焊四个扳柱（图 1-48 中卡盘 C），水平方向净距为 100mm，垂直方向净距为 34mm，可弯制 32mm 以下的钢筋，但在弯制 28mm 以下的钢筋时，在后面两个扳柱上要加不同厚度的钢套；②在一块钢板上焊三个扳柱（图 1-48 中卡盘 D），扳柱的两条斜边净距为 100mm，底边净距为 80mm，这种卡盘不需配备不同厚度的钢套。

第四，钢筋扳子。钢筋扳子有横口扳子和顺口扳子两种，它主要和卡盘配合使用。横口扳子又有平头和弯头两种，弯头横口扳子仅在绑扎钢筋时纠正某些钢筋形状或位置时使用，常用的是平头横口扳子。当弯制直径较粗钢筋时，可在扳子柄上接上钢管，加长力臂省力。

钢筋扳子的扳口尺寸比弯制钢筋大 2mm 较为合适，过大会影响弯制形状的正确。

B. 手工弯制成型。

第一，准备工作。熟悉要进行弯曲加工钢筋的规格、形状和各部分尺寸，确定弯曲操作的步骤和工具，确定弯曲顺序，避免在弯曲时将钢筋反复调转，影响工效。

第二，划线。一般划线方法是在划弯曲钢筋分段尺寸时，将不同角度的长度调整值在弯曲操作方向相反的一侧长度内扣除，划上分段尺寸线，这条线称为弯曲点线，根据这条线并按规定方法弯曲后，钢筋的形状和尺寸与图纸要求的基本相符。当形状比较简单或同一形状根数较多的钢筋进行弯曲时，可以不划线，而在工作台上按各段尺寸要求固定若干标志，按标志操作。

第三，试弯。在成批钢筋弯曲操作之前，各种类型的弯曲钢筋都要试弯一根，然后检查其弯曲形状、尺寸是否和设计要求相符；并校对钢筋的弯曲顺序、划线、所定的弯曲标志扳距等是否合适。经过调整后，再进行批量生产。

第四，弯曲成型。在钢筋开始弯曲前，应注意扳距和弯曲点线、扳柱之间的关系。为了保证钢筋弯曲形状正确，使钢筋弯曲圆弧有一定曲率，且在操作时扳子端部不碰到扳柱，扳子和扳柱间必须有一定的距离，这段距离称扳距，扳距弯曲点线和柱的关系见图 1-49。扳距的大小是根据钢筋的弯制角度和直径来变化的。弯曲角度与扳距关系见表 1-41。

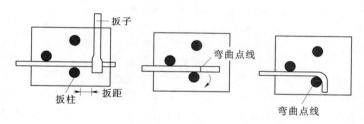

图 1-49　扳距弯曲点线和柱的关系示意图

表 1-41　　　　　　　　　　弯曲角度与扳距关系表

弯曲角度	45°	90°	135°	180°
扳距	$(1.5\sim2)d$	$(2.5\sim3)d$	$(3\sim3.5)d$	$(3.5\sim4)d$

进行弯曲钢筋操作时钢筋弯曲点线在扳柱钢板上的位置，要配合划线的操作方向，使弯曲点线与扳柱外边缘相平。

2）机械弯曲。钢筋弯曲机有机械钢筋弯曲机、液压钢筋弯曲机和钢筋弯箍机等几种形式。机械式钢筋弯曲机按工作原理分为齿轮式及蜗轮蜗杆式钢筋弯曲机两种。蜗轮蜗杆式钢筋弯曲机由电动机、工作盘、插入座、蜗轮、蜗杆、皮带轮、齿轮及滚轴等组成。也可在底部装设行走轮，便于移动。蜗轮蜗杆式钢筋弯曲机见图 1-50。弯曲钢筋在工作盘上进行，工作盘的底面与蜗轮轴连在一起，盘面上有 9 个轴孔，中心的一个孔插中心轴，周围的 8 个孔插成型轴或轴套。工作盘外的插入孔上插有挡铁轴。它由电动机带动三角皮带轮旋转，皮带轮通过齿轮传动蜗轮蜗杆，再带动工作盘旋转。当工作盘旋转时，中心轴和成型轴都在转动，由于中心轴在圆心上，圆盘虽在转动，但中心轴位置并没有移动，而成型轴却围绕着中心轴作圆弧转动；如果钢筋一端被挡铁轴阻止自由活动，那么钢筋就被成型轴绕着中心轴进行弯曲。通过调整成型轴的位置，可将钢筋弯曲成所需要的形状。改变中心轴的直径（16mm、20mm、25mm、35mm、45mm、60mm、75mm、85mm、100mm）可保证不同直径的钢筋所需的不同的弯曲半径。

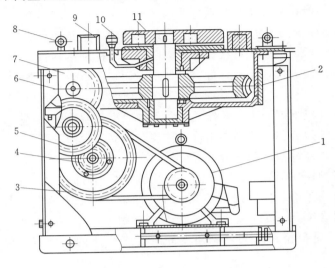

图 1-50　蜗轮蜗杆式钢筋弯曲机示意图

1—电动机；2—蜗轮；3—皮带轮；4、5、7—齿轮；6—蜗杆；
8—滚轴；9—插入座；10—油杯；11—工作盘

齿轮式钢筋弯曲机主要由电动机、齿轮减速箱、皮带轮、工作盘、滚轴、夹持器、转轴及控制配电箱等组成，齿轮式钢筋弯曲机见图 1-51。齿轮式钢筋弯曲机，由电动机通过三角皮带轮或直接驱动圆柱齿轮减速，带动工作盘旋转。工作盘左、右两个插入座可通过调节手轮进行无级调节，并与不同直径的成型轴及挡料轴配合，把钢筋弯曲成各种不同规格。当钢筋被弯曲到预先确定的角度时，限位销触到行程开关，电动机自动停机、反转、回位。

3）操作钢筋弯曲机应注意以下事项：

A. 钢筋弯曲机要安装在坚实的地面上，放置要平稳，铁轮前后要用三角对称楔紧，设备周围要有足够的场地。非操作者不要进入工作区域，以免扳动钢筋时被碰伤。

B. 操作前要对机械各部件进行全面检查以及试运转，并检查齿轮和轴套等备件是否齐全。

C. 要熟悉倒顺开关的使用方法以及所控制的工作盘的旋转方向，钢筋放置要和成型轴、工作盘旋转方向相配合，不要放反。

变换工作盘旋转方向时，要按正转—停—倒转操作，不要直接按正—倒转或倒—正转操作。

D. 钢筋弯曲时，其圆弧直径是由中心轴直径决定的。因此，要根据钢筋粗细和所要求的圆弧弯曲直径大小随时更换中心轴或轴套。

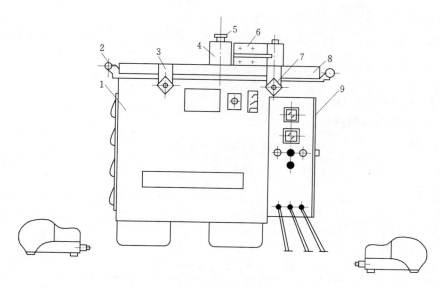

图 1-51　齿轮式钢筋弯曲机示意图

1—机架；2—滚轴；3、7—调节手轮；4—转轴；5—紧固手柄；

6—夹持器；8—工作台；9—控制配电箱

E. 严禁在机械运转过程中更换中心轴、成型轴、挡铁轴，或进行清扫、加油。如果需要更换，必须切断电源，当机器停止转动后才能更换。

F. 弯曲钢筋时，应使钢筋挡架上的挡板贴紧钢筋，以保证弯曲质量。

G. 弯曲较长的钢筋时，要有专人扶持钢筋。扶持人员应按操作人员的指挥进行工作，不能任意推拉。

H. 在运转过程中如发现卡盘、颤动、电动机温升超过规定值，均应停机检修。

I. 不直的钢筋，禁止在弯曲机上弯曲。

1.7.2　安装

建基面终验清理完毕或施工缝处理完毕养护一定时间，混凝土强度达到相关规范规定值后，即进行钢筋的绑扎与安装作业。

钢筋的安设方法有两种：一种是将钢筋骨架在加工厂制好，再运到现场安装，称为整装法；另一种是将加工好的散钢筋运到现场，再逐根安装，称为散装法。

（1）散装和整装。钢筋安装一般采用现场手工绑扎，有的钢筋网或骨架，采用场外绑扎，现场整体吊装。整体吊装方法虽可缩短仓内循环作业时间，但要占用混凝土浇筑机械。对于墩、墙、板、柱及护坦面层钢筋可考虑采取这种工艺。

（2）架立筋安装。钢筋安装前应做好架立筋的架设，架立筋直径应不小于22mm，以保证有足够的刚度和稳定性。

（3）绑扎。

1）绑扎工序：分为铺料、划线、绑扎、焊接和仓位清理。

2）劳动组合：根据施工部位、钢筋数量、形状和工人技术水平进行组合，见表1-42。

3）绑扎功效：不同部位的绑扎功效，可见表 1 - 43。

4）扎丝：绑扎钢筋一般使用 18～22 号铅丝，扎丝长度可按下式进行计算或参考表 1 - 44。

$$L=2\pi(d_1+d_2)+10$$

式中　L——扎丝长度，cm；

　　　d_1、d_2——绑扎钢筋的直径，cm。

表 1 - 42　　　　绑扎不同钢筋的劳动力组合

钢筋形状	垂直（φ28mm）以上	垂直（φ25mm）以下	水平	弯曲
作业组/人	3	2	3	4
其中普工/人	2	1	1	2

注　1. 每仓位另设指挥 1 人，运钢筋 2～6 人。
　　2. 悬空部位钢筋绑扎人数，视现场情况配置。

表 1 - 43　　　　φ25mm 钢筋绑扎效率参考表　　　　单位：t/工日

部位	闸墩	溢流面	廊道	厂房结构	墙	竖井	护坦面层	综合
工效	0.3～0.4	0.25～0.33	0.3～0.4	0.21～0.24	0.2～0.3	0.5	0.5～0.6	0.4

表 1 - 44　　　　绑扎铅丝长度表　　　　单位：mm

钢筋直径	3～5	6～8	10～12	14～16	18～20	22	25	28	32
3～5	120	130	150	170	190				
6～8		150	170	190	220	250	270	290	320
10～12			190	220	250	270	290	310	340
14～16				250	270	290	310	330	360
18～20					290	310	330	350	380
22						330	350	370	400

1.7.3　锚筋安装

（1）造孔。锚筋应采用相应造孔机具按照设计要求的孔位、孔径、孔深、间排距等进行造孔。锚筋孔直径一般为锚筋直径的 2 倍。

（2）水泥浆拌制（或水泥卷、其他锚固剂准备）。灌浆锚筋所需水泥砂浆之配比为：1:1.2:0.4（水泥：砂：水之重量比），采用搅拌机拌制均匀，其拌和时间不应少于 5min，每盘拌和后应于 30min 内用完，在拌和后至用完前应以机具缓慢搅动，以免产生分离或沉淀。如采用水泥卷，其他锚固剂时，按相应要求进行准备。

（3）锚筋安装。

1）锚筋孔注入砂浆前，需彻底以压缩空气或清水交替冲洗使水自由溢出孔外。除地质原因外，每个锚筋孔冲洗必须持续至回水清澈且不含泥沙或岩石碎片为止，或以压缩空气清孔。锚筋孔造孔冲洗完成后，应及时对孔口堵塞，以防止外物侵入。

2）砂浆应于锚筋插入锚筋孔前进行施灌，灌浆一般以直径 2.54cm 的 PE 管插入孔底，再由 PE 管灌入水泥砂浆为止，并徐徐将管抽出，使水泥砂浆自孔底向上灌满至孔口。使用水泥卷或其他锚固剂时，则应先将定量的水泥卷或其他锚固剂先填入锚杆孔。

3）锚筋应先彻底清理洁净，然后插入至规定深度，并于砂浆初凝前以振动或敲击，使插入部分与砂浆紧密结合。已安装完成的锚筋应特别注意保护，以免发生松动。

2 土 建 预 埋 件

2.1 止水

2.1.1 主要类型与结构

为了防止混凝土闸、坝横缝的缝面漏水，必须设置可靠的止水系统（一般包括 2～3 道止水带、沥青井、排水检查井、混凝土止水塞和沥青麻绳等），并在横缝上游部分缝面，涂贴具有一定弹性的防水材料。其他对防渗、防漏有要求的混凝土块的分缝和基岩陡坡接触缝也根据设计要求设置 1～2 道止水带和排水孔及缝面填料等。

横缝止水系统布置见图 2-1。

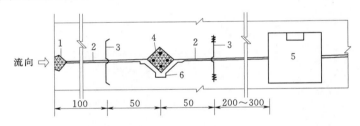

图 2-1 横缝止水系统布置图（单位：cm）

1—止水塞；2—缝面；3—止水带；4—沥青井；5—排水检查井；6—预制槽板

2.1.2 止水带

（1）止水带的型式、尺寸和材质。

1）性能：用作止水带的金属材料有紫铜片、不锈钢片、铝片；非金属材料有橡胶、聚氯乙烯（塑料）等。常用止水带材料的物理力学性能见表 2-1～表 2-3。

2）要求。

A. 铜止水带和不锈钢止水带。铜止水带的厚度为 0.8～1.2mm。作用水头高于 140m 时宜采用复合型铜止水带，其复合用材料以及复合性能要满足表 2-3 的要求。

紫铜止水带的抗拉强度不小于 205MPa，伸长率不小于 20%，冷弯 180°不裂缝；在冷弯 0°～60°时，连续张闭 50 次，无裂纹；铜止水带的化学成分和物理力学性能要满足《铜及铜合金带材》（GB/T 2059—2008）的规定。

不锈钢止水带的拉伸强度不小于 205MPa，伸长率不小于 35%，其化学成分和物理力学性能要满足《不锈钢冷轧钢板和钢带》（GB 3280—2007）的要求。

B. 橡胶和聚氯乙烯（塑料）止水带。

橡胶和聚氯乙烯（塑料）止水带的厚度为 6～12mm；当水压力和接缝位移较大时，在止水带下设置支撑体。橡胶或聚氯乙烯止水带嵌入混凝土中的宽度一般为 120～260mm。中心变形型止水带一侧有不少于 2 个止水带肋，肋高、肋宽不小于止水带的厚度。

橡胶止水带的物理力学性能要满足表 2-1 的要求，聚氯乙烯（塑料）止水带的物理力学性能要满足表 2-2 的要求。

表 2-1　　　　　　　　　　橡胶止水带物理力学性能表

序号	项目		单位	指标		
				B	S	J
1	硬度（邵尔 A）		度	60±5	60±5	60±5
2	拉伸强度		MPa	≥15	≥12	≥10
3	扯断伸长率		%	≥380	≥380	≥300
4	压缩永久变形	70°×24h	%	≤35	≤35	≤35
		23°×168h	%	≤20	≤20	≤20
5	撕裂强度		kN/m	≥30	≥25	≥25
6	脆性温度		℃	≤-45	≤-40	≤-40
7	热空气老化	70°×168h 硬度变化（邵尔 A）	度	≤+8	≤+8	
		70°×168h 拉伸强度	MPa	≥12	≥10	
		70°×168h 扯断伸长率	%	≥300	≥300	
		100°×168h 硬度变化（邵尔 A）	度	—	—	≤+8
		100°×168h 拉伸强度	MPa	—	—	≥9
		100°×168h 扯断伸长率	%			≥250
8	臭氧老化 50pphm：20%，48h		—	2 级	2 级	0 级
9	橡胶与金属黏合		—	断面在弹性体内		

注　1. B 为适用于变形缝的止水带；S 为适用于施工缝的止水带；J 为适用于有特殊耐老化要求接缝的止水带。
　　2. 橡胶与金属黏合项仅适用于具有钢边的止水带。
　　3. 若对止水带防霉性能有要求时，要考核霉菌试验，且其防毒性能要等于或高于 2 级。
　　4. 试验方法按照《高分子防水材料　第 2 部分：止水带》（GB 18173.2—2000）的要求执行。

表 2-2　　　　　　　　聚氯乙烯（塑料）止水带物理力学性能表

序号	项目	单位	指标	试验方法
1	拉伸强度	MPa	≥14	《塑料　拉伸性能的测定》（GB/T 1040.2—2006）Ⅱ型试件
2	扯断伸长率	%	≥300	
3	硬度（邵尔 A）	度	≥65	《塑料和硬橡胶　使用硬度计测定压痕硬度（邵氏硬度）》（GB/T 2411—2008）
4	低温弯折	℃	≤-20	《高分子防水材料　第 1 部分：片材》（GB/T 18173.1—2012）试片厚度采用 2mm

序号	项　　目		单位	指标	试 验 方 法
5	热空气老化 70°×168h	拉伸强度	MPa	≥12	《塑料　拉伸性能的测定》（GB/T 1040.2—2006）
		扯断伸长率	%	≥280	
6	耐碱性 10%Ca(OH)₂ 常温，(23±2)℃×168h	拉伸强度保持率	%	≥80	《硫化橡胶或热塑性橡胶　耐液体试验方法》（GB/T 1690—2010）
		扯断伸长保持率	%	≥80	

作用水头高于 100m 时采用复合型止水带，复合用密封材料及复合性能要满足表 2-3 的要求。

表 2-3　　　　　　　　　密封止水材料物理力学性能及复合性能表

序号	项　　目		单位	指标	试 验 方 法
1	浸泡质量损失率 常温×3600h	水	%	≤2	《水工建筑物塑性嵌缝密封材料技术标准》（DL/T 949—2005）
		饱和 Ca(OH)₂ 溶液	%	≤2	
		10%NaCl 溶液	%	≤2	
2	拉伸黏结性能	常温，干燥 断裂伸长率	%	≥300	《建筑密封材料试验方法　第 8 部分：拉伸粘结性的测定》（GB/T 13477.8—2002）
		常温，干燥 黏结性能	—	不破坏	
		常温，浸泡 断裂伸长率	%	≥300	
		常温，浸泡 黏结性能	—	不破坏	
		低温，干燥 断裂伸长率	%	≥200	
		低温，干燥 黏结性能	—	不破坏	
		300 次冻融循环 断裂伸长率	%	≥300	《水工建筑物塑性嵌缝密封材料技术标准》（DL/T 949—2005）
		300 次冻融循环 黏结性能	—	不破坏	
3	流淌值（下垂度）		mm	≤2	《建筑密封材料试验方法　第 6 部分：流动性的测定》（GB/T 13477.6—2002）
4	施工度（针入度）		1/10mm	≥70	《沥青针入度测定法》（GB/T 4509—2010）
5	密度		g/cm³	≥1.15	《塑料非泡沫塑料密度的测定 第 1 部分：浸渍法、液体比重瓶法和滴定法》（GB/T1033.1—2008）；《塑料非泡沫塑料密度的测定　第 2 部分：密度梯度柱法》（GB/T 1033.2—2010）；《塑料非泡沫塑料密度的测定 第 3 部分：气体比重瓶法》（GB/T 1033.3—2010）
6	复合剥离强度（常温）		N/cm	>10	对于橡胶、塑料止水带《胶粘剂 T 剥离强度试验方法　挠性材料对挠性材料》（GB/T 2791—1995）；对于金属止水带《胶粘剂 180°剥离强度试验方法　挠性材料对刚性材料》（GB/T 2790—1995）

注　1. 常温指（23±2）℃。
　　2. 低温指（-20±2）℃。
　　3. 气温温和地区可以不做低温试验、冻融循环试验。

3) 形状。

A. 紫铜止水片形状和结构尺寸见表 2-4。

表 2-4　　　　　　　　　　紫铜止水片形状和结构尺寸表

序号	形　状	代号	结构尺寸/mm			
			下料宽度 B	计算宽度 b	鼻高 h	厚度 δ
1		U	500	400	30~40	1.2~1.5
2		V	460	360	30~40	1.2~1.5
3		Z	410	360	30~40	1~1.2
4		Z	350	300	30~40	1
5		Z	300	250	30~40	1

B. 橡胶止水带形状和尺寸见表 2-5。

表 2-5　　　　　　　　　　橡胶止水带形状和尺寸表

序号	形　状	产品编号	宽度/mm	厚度/mm
1		127▲	290	10
2		400▲	300	8
3		401▲	280	8
4		403▲	250	10
5		402	230	6

序号	形 状	产品编号	宽度/mm	厚度/mm
6	⌀25 R25 10 290	404	290	10
7	R30 10 300	409	300	10
8	20 R30 10 200(220)	126	200	10
9		413	220	10
10	25 R10 10 130	408	130	10
11	R25 6 100	165	100	6

注 ▲为常用标定产品。

C. 聚氯乙烯（塑料）止水带形状和尺寸见表2-6。

表2-6　　　　　　　　聚氯乙烯（塑料）止水带形状和尺寸表

序号	形 状	型号	宽度 /mm	厚度 /mm	重量 /(kg/m)
1	5 6 ⌀17 15 15 5 16 28 28 28 40 280	651	280±10	7±1.5	3.5±0.3
2	4 6 ⌀17 14 12 3 4 4 16 24 45 55 280	652	280±10	7±1.5	3.4±0.3
3	10 6 10 16 45 60 230	653	230±10	6±1.5	4.7±0.2

序号	形　状	型号	宽度 /mm	厚度 /mm	重量 /(kg/m)
4		654	350±10	6±1.5	4±0.4
5	（831 型）	葛洲坝 —831	350	6±1.5	4±0.1
6		83—Ω	400	10	
7		83—0	420	12	

（2）紫铜及铝止水带加工制作。加工工序为退火、下料、成型、焊接。

1）退火后力学性能：为便于加工、焊接，在使用前要进行退火处理。紫铜片和铝片退火后延伸率增加很大，止水带接头连接方法见表 2-7。

表 2-7　　　　　　　　　　　止水带接头连接方法表

接头材料		接头形式	连接方法	适用条件
相同材料	紫铜 橡胶 聚氯乙烯	搭接 斜面搭接 搭接或对接	氧气铜焊 硫化热黏结 熔化焊接、炭火烙、 电阻热、电热风等 黏结	室内、外 室内、外 室内、外
不同材料	紫铜与塑料 紫铜与塑料 紫铜与塑料	双搭接 搭接 搭接	热黏铆接 胶黏结（烈克钠） 螺栓及压板连接	室内 室内 室内、外

2）下料及成型：下料及成型方法，可以用人工或机械剪切、压制。止水带的 T 形接头、十字接头宜在工厂整体加工成型。

3）接头连接。橡胶止水带的接头采用硫化热黏结，聚氯乙烯止水带接头采用焊接连接；紫铜止水带的接头采用氧气铜焊，一般要采用搭接双面焊，搭接长度大于20mm，经试验如能保证质量也可采用对接焊接。焊接要采用黄铜焊条。在工厂加工铜片接头，可用钨极氩弧焊。

止水带的接头强度与母材强度之比要满足如下要求：橡胶止水带不小于0.6，聚氯乙烯止水带不小于0.8，铜止水带不小于0.7。

异种材料止水带的连接采用搭接，用螺栓或其他方法固定。搭接面要确保不漏水。用螺栓固定时，搭接面之间要夹填密封止水材料。

紫铜止水带现场焊接劳动组合、材料消耗及工效见表2-8。

表2-8　　　　　　　紫铜止水带现场焊接劳动组合、材料消耗及工效表

劳动组合/人		材 料 消 耗				工效 /(个/班)
预埋工	氧焊工	氧气 /(m³/m)	电石 /(kg/m)	铜焊条 /(kg/m)	硼砂 /(kg/m)	
1	2	0.435	1.3	0.5	0.06	4

注　1. 材料消耗以每米焊缝计算。
　　2. 工效以接头个数计。

(3) 安装与保护。根据止水带在坝体内的位置，其安装、埋设要求如下：

1) 止水基座和陡坡止水：止水基座一般形式见图2-2。陡坡止水，当基岩坡度大于1:1采用止水槽或止水堤结构见图2-3。两者的尺寸为：宽30~40cm，高或深20~30cm。其顶面要涂隔离剂（一般多为沥青）。此外，当混凝土结构补埋止水带时，也采用凿挖止水槽、浇止水堤的方法。

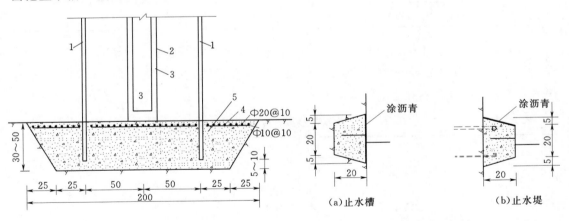

图2-2　止水基座结构示意图（单位：cm）
1—止水带；2—沥青井；3—加热管；4—面层钢筋网
（基础较好时可取消）；5—细骨料混凝土

图2-3　止水槽或止水堤结构示意图
（单位：cm）

2) 止水带安装埋设：止水带安装，分一次安装就位和两次成型就位。两次成型施工，止水带两次成型安装见图2-4。两次成型可以提高立模、拆模速度，止水带伸缩段也能对中，但接头焊接操作比较困难，要注意质量。另外，金属止水带的伸缩段要涂刷防锈漆或沥青，U形鼻子内填塞沥青膏或油浸麻绳。

3）橡胶和聚氯乙烯止水带在运输、储存和施工过程中，要防止日光直晒、雨雪浸淋，并避免与油脂、酸、碱等物质接触。对于部分暴露在外的止水带，要采取措施进行保护，防止破坏。采用复合型止水带时，要对复合的密封止水材料进行保护，对于在现场复合的止水带，尽快浇筑混凝土。

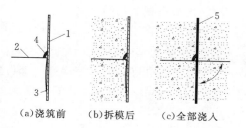

图 2-4　止水带两次成型安装示意图
1—模板；2—止水带；3—固定钉；
4—黏角木条；5—接缝

2.1.3　止水检查槽

（1）布置与功能。为了检查混凝土闸、坝横缝的缝面止水带埋设质量和止水效果，在两道止水带之间布置骑缝检查槽，一般尺寸多为 $5cm \times 5cm$，检查槽下部设引水管与基础排水廊道相通。止水检查槽的功能如下：

1）在结构块封顶后，通过基础排水廊道的引水管，对止水检查槽进行压水检查，压力约为 1.5 倍设计水头，观测止水带是否漏水，若止水带不漏水，则检查槽留作排水槽，排除通过止水带的少量渗水。

2）压水检查若发现止水带漏水，则可以通过基础排水廊道的引水管对止水检查槽和两道止水带之间的缝面进行低弹聚合物灌浆，将止水检查槽及止水带之间的缝面填实，与两道止水带一起形成一道有效的防渗体。

（2）安装施工。

1）先浇块止水检查槽多采用三角形木模。木模要求材质较坚硬，水湿后不变形，模板表面光滑，并要进行掉线安装，上下平顺连接，以确保止水检查槽垂直且不出现错台。

2）后浇块模板多采用白铁皮，厚度为 1.5mm，表面光洁，不得有锈斑、油污或黏附其他杂物，不得有破损或弯折。

3）白铁皮的连接采用焊接方式。

4）白铁皮安装前，要对先浇块检查槽进行检查，检查槽的尺寸是否正确，槽面是否有错台、挂帘、蜂窝、麻面或不平整等缺陷。

5）白铁皮安装必须牢固。安装完成后，采用麻丝等材料将白铁皮与先浇块混凝土间缝隙填实，在仓面准备工作完成但未浇筑混凝土之前 3~4h，用砂浆将该缝隙封闭。

6）白铁皮的安装以高出预计的收仓面 1m 控制，安装固定好后，可采用手电筒从顶部照射检查，确认合格后，采用铁皮或木盖，将顶口封堵密实。

（3）检查与疏通处理的方法。

1）止水检查槽的检查方法。

A．一般采用通水检查。从检查槽顶部通水，在基础排水廊道引水管中进行观测，如引水管出口出水顺畅，检查槽内无涌水者为畅通；引水管出口只有少量出水或滴水，检查槽内有涌水者为微通；引水管出口无出水，检查槽内涌水直至槽口溢出者为不通。

B．对不通或微通的情况，可采用吊线法或其他方法，检查堵塞是发生在竖直段或是下部斜管段及对应的高程。

C．止水检查槽的检查资料及时整理汇总，以作为疏通处理及压水检查的依据。

2）止水检查槽的疏通处理。

A. 采取"自下而上"疏通方式。在基础排水廊道的引水管采用高压风、水交替冲洗，将较松散的堵塞物冲开，细颗粒从引水管排出，较粗的浮渣从上部槽口冲出。

B. 对于后浇块高度不是很高的部位，在采取高压风、水冲洗时，可以利用 $\phi32mm$ 钢管作操作杆，杆端配以钻头，对堵塞物进行反复捅击，以使将堵塞层捅穿，再用高压风水冲洗。

C. 对于检查槽中的木屑、保温被等堵塞物，可以利用操作杆杆头刷建筑胶，将浮渣粘出。

D. 对于结构块已到顶或高度较高部位，采取上述办法仍无法疏通时，可利用 $\phi42mm$ 小口径钻机扫孔。

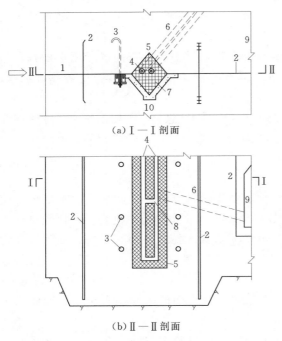

（a）Ⅰ—Ⅰ剖面

（b）Ⅱ—Ⅱ剖面

图 2-5　沥青井结构示意图

1—伸缩缝；2—止水带；3—固定螺栓；4—加热件（蒸汽管）；5—沥青井；6—出流管；7—填料；8—连通管；9—廊道；10—预制板

（4）保护与压水检查。对经检查畅通或堵塞疏通处理合格后的止水检查槽，需要进行保护。未封顶者，盖板要盖牢；对通入槽内的管道口要绑扎封闭；对正浇筑部位进行通水冲洗；对浇筑到顶、未永久封闭、有临时防护盖板及长间歇的部位，要求半个月打开盖板、通水检查一次，严防发生新的堵塞。

2.1.4　沥青止水井

沥青止水井一般布置在横缝的两道止水带之间。井中设置蒸汽或电加热埋件；井底设置老化沥青排出管，管径多为15～20cm，引至廊道内。沥青井的形状以正方形和圆形居多，其断面为 15cm×15cm 及 20cm×20cm，或直径 22cm。在国外与国内的高坝施工中，有的工程采用增加止水片而将沥青井取消。

沥青井结构见图 2-5。

（1）沥青井施工。

1）沥青井的形式：一种是使用预制钢筋混凝土沥青井腔；另一种是预制沥青柱。现场灌注沥青填料。

2）加热埋件安装要求见表 2-9。

表 2-9　　　　　　　　　　加热埋件安装要求表

项　目		电　阻　热	蒸　汽　热
埋件	名称	钢筋	镀锌钢管
	规格	$\phi12\sim16mm$	$\phi32\sim51mm$
	数量	4 根	2 根

项 目	电 阻 热	蒸 汽 热
连接	焊接 10d（d 为钢筋直径，单面焊）	丝口套接
固定	绝缘"十"字板，间距 0.5～0.1m 一层	预埋钢筋环，间距 1～1.5m
加热件安装	（1）同一井内钢筋级别、规格相同； （2）不短路、不断路； （3）要与混凝土和基础绝缘，电阻不小于 0.5×106Ω	（1）接头不漏气； （2）加热管与混凝土绝缘； （3）管底焊连通管，管口加盖
出流管	管径 15～20cm，引入廊道，管内设加热系统	管径 15～20cm，引入廊道，管内设加热系统

3）沥青井内填料：填料要有一定的黏结强度，能与混凝土黏结良好；具有温度稳定性，遇低温不裂缝，加热能融化并自由流动；具有不透水性和大气稳定性，矿物粉不沉淀；不得使用煤沥青。水工沥青的要求是：黏结力强；延伸率高；含蜡量小于 4%～5%；软化点较高。沥青井内填料的种类、检测项目和制作要求见表 2-10。沥青砂浆配合比及性能可见表 2-11。

表 2-10　　　　　　　沥青井填料种类、检验项目及制作要求表

种类	石油沥青掺配		沥青玛蹄脂			沥青砂浆		
成分	30 号沥青	30 号和 100 号沥青	沥青	滑石粉（或水泥）与石棉粉	柴油	沥青	滑石粉（或水泥）与石棉粉	砂
检验项目	针入度、延伸率、软化点		软化点、耐热度、韧性和黏结力			膨胀系数、最大伸长度、黏稠度		
制作要求	（1）加温不要过快，保持 160～180℃； （2）加温中不断搅拌； （3）浇灌温度不低于 120℃		（1）填充料事先烘干脱水，加热温度 100～110℃； （2）填充料拌匀，柴油边倒入边搅拌； （3）浇灌温度不低于 120℃			（1）砂子加热 140～160℃；填充料先烘干脱水，加热温度 100～110℃； （2）沥青与填充料拌匀后再加砂搅拌； （3）浇灌温度不低于 120℃		

表 2-11　　　　　　　新丰江工程用沥青砂浆配合比及性能表

沥青标号（旧号）	配合比（沥青：水泥：砂）	沥青基本性质			砂浆力学性能/(kgf/cm²)		
		针入度/(1/10mm)	软化点/℃	延伸度/cm	抗压	抗拉	抗渗
Ⅱ号	1：1：2～3	115～15.5	49.7～46	76.2～56.4	52～31.6	2.8～3.0	3.7～4.7
Ⅲ号	1：1：2～3	95～61.3	48.7～53	69～31.6	26～34.6	1.37～1.46	2.89～3.42
V号	1：1：1.5～2	38～23	68.7～62.3	12.3～6.6	78～54.7		4.2～4.07

沥青玛蹄脂用作沥青井填料时的配合比为：3 号沥青 65%～70%；600 号水泥 30%～35%。

沥青熔化方法：可用电、煤或柴火加热熔化。采用电热熔化沥青，可以减少空气污染，防止不安全事故。电热熔化沥青的设备配置见表 2-12，电加热沥青电路见图 2-6，电加热沥青活动房内部布置见图 2-7。

表 2－12　　　　　　　　　　　　　电热熔化沥青设备配置表

名称	电焊机	空气开关		电流互感器	沥青锅	加热线圈
规格型号	2000A	1000A	400A	1000/55A	$\phi70\times90cm$ $\delta=2mm$	$\phi14L15m$ 绕三层
数量	1台	2只	1只	2只	2只	2副
备注	或1000A 2台				自制	自制，备用1副

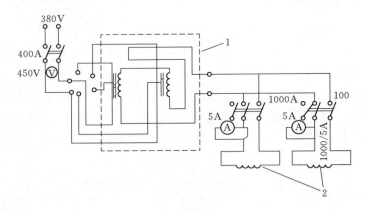

图 2－6　电加热沥青电路图

1—2000A 电焊机；2—加热线圈

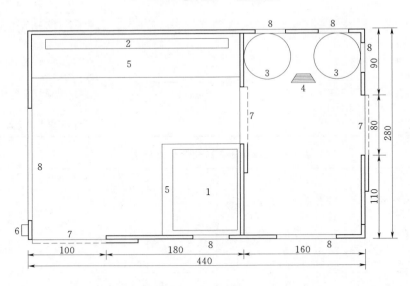

图 2－7　电加热沥青活动房内部布置图（单位：cm）

1—电焊机；2—配电板；3—沥青锅；4—灶台；

5—安全栏杆；6—爬梯；7—门；8—窗

4）预制沥青井柱：为避免热灌填料带来的施工困难，可以采用预制沥青井柱在现场安装。其配合比（重量比）为沥青∶柴油∶石棉∶水泥＝59∶4∶7∶30，其中水泥也可用石灰粉代替。

（2）沥青井填料熔化。

1）电加热：电加热熔化填料主要设备见表2－13，沥青井填料加热电路见图2－8。电加热的施工要求：电焊机尽量靠近沥青井井口；连接加热钢筋的三通线夹过流截面积要经电工计算确定；为保证连续加热，供电需用专线。

表2－13　　　　　　　　　　　　　电加热熔化填料主要设备表

名　称	电焊机	空气开关	电流表	接触器	电流电压表	三通线夹
规格型号	PK－500		300/5A	CT0－10	150A 380V	钳形
数量	4台	1只	3只	3只	1只	20个
备注	或1000A两台					自制

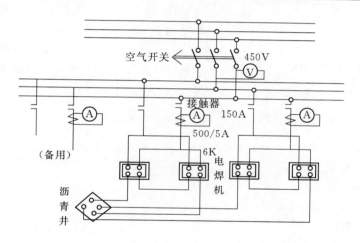

图2－8　沥青井填料加热电路图

2）蒸汽加热：蒸汽加热的锅炉型式主要有燃煤的立式直水管锅炉、电阻丝或极板式电热锅炉。极板式电热锅炉的优点是连续工作时间长、运用可靠。

电热蒸汽加热熔化填料主要设备见表2－14，电阻丝蒸汽锅炉结构见图2－9。

表2－14　　　　　　　　　　　　电热蒸汽加热熔化填料主要设备表

名　称	锅　炉	压　力　表	安　全　阀	电　阻　丝
规格型号	0.4～1.0t/h	8～10kgf/cm²	6～8kgf/cm²	18kW
数量	1台	1只	1只	
备注	系用户自制，非商品			

3）电加热与蒸汽加热熔化填料方法比较见表2－15。

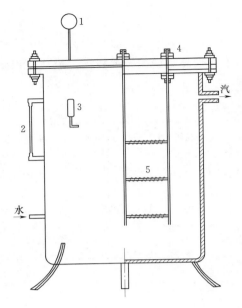

图 2-9 电阻丝蒸汽锅炉结构图
1—气压表；2—水位计；3—安全阀；
4—橡皮垫；5—电阻丝

2.1.5 其他止水、防水材料

（1）种类。在水利水电工程中应用的止、防水材料还有聚氯乙烯胶泥、油膏、乳化沥青和弹性聚氨酯等。

（2）聚氯乙烯胶泥。聚氯乙烯胶泥（简称胶泥）是以煤焦油和聚氯乙烯树脂粉为基料，加入增塑剂、稳定剂及填充料，在130～140℃温度下塑化而成的热施工止、防水材料，其配合比见表2-16。

聚氯乙烯胶泥有良好的黏结性、防水性和弹塑性，胶泥灌缝用于水电站厂房屋顶止水的结构见图2-10。

1）施工机具：搅拌机、浇灌桶（容量根据需要加工制造）。

2）施工方法：胶泥放入搅拌机，边搅拌边加温至130～140℃塑化，由稀变稠，维持3～5min（胶泥温度不得超过140℃）即用扁嘴的浇灌桶，灌入干燥、清洁的接缝内，并高出板面5～10mm。

表 2-15	电加热与蒸汽加热熔化填料方法比较表	
分　类	电　加　热	蒸　汽　加　热
优　点	（1）电热件安装简便； （2）热效率高； （3）设备简单，操作方便	（1）加热均匀； （2）管路堵塞，可用电加热补救
缺　点	（1）钢筋易锈蚀、短路； （2）钢筋周围填料易老化	（1）管路安装复杂； （2）热效率低

表 2-16		聚氯乙烯胶泥配合比（重量比）表		
煤　焦　油	聚氯乙烯树脂粉	增　塑　剂	稳　定　剂	填　充　料
100	10～15	8～15	0.2～1	10～30

有特殊要求的工程，需先涂刷冷底子油，其配合比（重量比）为：环己酮：胶泥＝2:1或糠醛：甲苯：胶泥＝1:1:2。

（3）油膏。油膏以石油沥青为基料，掺入适量的硫化鱼油、重松节油、松焦油、石棉绒和滑石粉等加热制成。根据不同地区使用的要求又分为南方油膏和北方油膏，其配合比见表2-17。

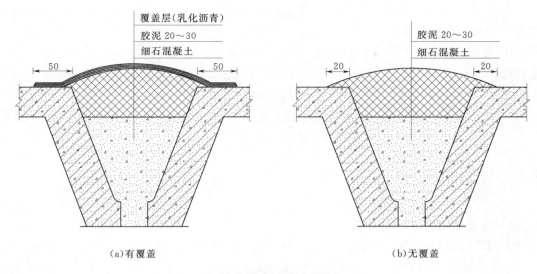

(a)有覆盖　　　　　　　　　　　(b)无覆盖

图 2-10　胶泥灌缝结构图（单位：mm）

表 2-17　　　　　　　　　　　沥青防水油膏配合比表

油膏类别	油料（重量比）				填料（重量比）		油料：填料
	石油沥青	松焦油	硫化鱼油	重松节油	石棉粉	滑石粉	
南方用油膏	100 号（60℃软化点）	5～15	20	60	87.4	131.3	1：1.15
北方用油膏	100 号（60℃软化点）	5～15	30	60	66.5	155.0	1：1.08

　　油膏具有良好的防水、黏结性能，并且施工简便；油膏不需加热加温，不需专用设备，可直接灌入干燥、清洁的缝内。

　　（4）乳化沥青。沥青中加入乳化剂水溶液，经过强力搅拌，把沥青分散成很细小的颗粒（1～6μm），悬浮在水中，形成乳化液体，可以冷施工。

　　1）乳化剂种类：有肥皂、聚乙烯醇、松香皂和石灰等。其中以石灰膏施工较简便、经济。

　　2）乳化沥青配合比见表 2-18。

表 2-18　　　　　　　　　　　乳化沥青配合比表　　　　　　　　　　单位：kg

分　类	沥　青　液		乳　化　液							
	60 号沥青	10 号沥青	洗衣粉	火碱	肥皂	聚乙烯醇	松香皂	石灰膏	水玻璃	水
肥皂乳化沥青	75	25	0.9	0.4	1.1					100
聚乙烯醇乳化沥青	75	25	2.0	0.88		4			1.6	100
松香皂乳化沥青	75	25			2.8		8			100
石灰膏乳化沥青（1）	1							1		1
石灰膏乳化沥青（2）	25～27						3	30～33		40～45

注　松香皂配合比为松香：火碱：水＝4：1.25：5。

　　3）石灰膏乳化沥青配制及施工。

A. 调制石灰膏：用水化 7d 以上的石灰过筛（筛孔孔径 0.5mm），调配成含水量为 40%～50% 的石灰膏备用。

B. 乳化：按重量比将石灰膏先加入 1/2 用水量（水温 70～80℃），在转速 400r/min 搅拌机中搅拌 3min，然后加入 150℃ 的热沥青，搅拌 5min，最后将剩余的 1/2 用水量加入，再搅拌 3～5min，即成深灰色石灰膏乳化沥青。储存时，表面要以水覆盖。

C. 施工：基面要清洁、干燥，并尽量平整，采用后退顺序涂刷，厚度要均匀，一般为 2～4mm，发现气泡，应随时处理。涂刷后不得洒水和扰动。

2.2 伸缩缝材料

2.2.1 缝面填料的种类和选择

根据结构和稳定需要，接缝填料为具有一定弹塑性能的止水填料。沥青作为填缝材料应用于水工建筑物历时最长、用量最多，其次是油毛毡和沥青玛蹄脂，另外还有沥青锯末板、沥青砂板、聚乙烯板、沥青麻丝。聚氯乙烯泡沫板、聚氯乙烯弹性垫层以及嵌缝密封材料也广泛使用。缝面填料的选择一般由接缝的宽度决定：

第一，当缝宽度小于 5mm，涂刷 1～2 层热沥青或沥青玛蹄脂。

第二，当缝宽度为 5～10mm，采用"两毡三油"（毡：指油毛毡；油：指沥青）或"三毡四油"。

第三，当缝宽度大于 10mm 时，可分别选用沥青锯末板、沥青砂板，还可以用沥青浸泡过的木板或聚氯乙烯泡沫板，或用聚氯乙烯弹性垫层（规格有 100cm×1.5cm 和 100cm×50cm×5cm 等），以及嵌缝密封材料等。目前，使用范围最多、最广泛、最方便和安全的首选缝面填料是聚乙烯泡沫板。

（1）沥青油毡。沥青油毡在施工中常见的有一毡一油、一毡二油、二毡三油和三毡四油，根据设计要求及缝宽选择填缝方式，沥青油毡标号和性能见表 2-19，具体缝面填料材料消耗见表 2-20。

表 2-19　　　　　　　　　　　　沥青油毡标号和性能表

名称与标准	标号		单卷重 /kg	原纸重 /(g/m²)	浸渍材料	涂盖材料	浸水 24h 后吸水率上限 /%	18℃时纵向抗拉强度下限 /kgf
	粉毡	片毡						
《石油沥青纸胎油毡》（GB 326—2007）	200		17.5	200	低软化点石油沥青	高软化点石油沥青	1	32
		200	20.5	200			3	32
	350		28.5	350			1	44
		350	31.5	350			3	44
	500		39.5	500			1	52
		500	42.5	500			3	52
《煤沥青纸胎油毡》（JC/T 505—1992）	350		23.0	350	低软化点煤沥青	高软化点煤沥青	3	40
		350	23.0	350			5	40

表 2－20   **沥青油毡缝面填料材料消耗表**

材料名称	单位	一毡一油	一毡二油	二毡三油	三毡四油
油毡	m²/m²	1.1	1.2	2.2	3.3
沥青	kg/m²	6	12	18	24

沥青油毛毡施工，首先根据设计要求把油毛毡加工至设计厚度，然后将加工粘贴好的长条油毛毡钉挂在先浇混凝土块模板的内侧，上口用压条、中间用铁钉固定，等混凝土浇筑完拆模时注意勿将已贴油毛毡损坏，再将固定油毛毡的钉头回弯，确保填缝质量，预埋接缝油毛毡施工方法见图 2－11。

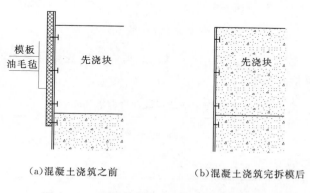

（a）混凝土浇筑之前   （b）混凝土浇筑完拆模后

图 2－11   预埋接缝油毛毡施工方法示意图

由于在水利水电工程中，用油毛毡作缝面填料，需用量大，而且目前我国市场上的油毛毡厚度多为 1.0～1.5mm，这在施工中不仅增加了施工的复杂性，而且经济性差。因而可以与当地油毛毡生产厂家专门定制生产厚度为 5～10mm、弹塑性好的水工伸缩缝专用油毛毡。

（2）沥青锯末板。沥青锯末板作为伸缩缝填缝材料在水利水电施工中也是较为常见的一种施工方法。沥青锯末板一般为 100cm×50cm（长×宽），厚度多为有 1.0cm、2.0cm、3.0cm，其重量分别为 2.5kg、5.0kg、7.5kg，锯末板多为杉木板，杉木板在潮湿的状态下变形小，在施工中利于与混凝土缝面接合紧密。

沥青锯末板按照沥青与锯末板重量比为 60%～65%：40%～35%（锯末板以干重计）进行涂刷。

沥青锯末板的安装与沥青油毡相同，可以采用埋入法安装，也可以采用粘贴法简化施工程序，加快施工进度。但是不管是用哪种方法施工，在伸缩缝止水带附近安装沥青锯末板，常常会出现使止水带伸缩段偏离接缝中心的现象，见图 2－12（a），这在结构上是不允许的，应采取措施纠正。一般在距离止水带 10～15cm 范围内不贴装沥青锯末板，而填塞沥青膏或涂刷沥青，形成缓坡与止水带伸缩段连接，见图 2－12（b）。

沥青锯末板缝面填料材料消耗见表 2－21。

（3）聚乙烯板。聚乙烯板是一种新型的接缝止水材料，经中国交通部科学院等单位反复测试证明，其性能可与木材、软木、橡胶、沥青相比，聚乙烯板在国外已广泛运用于公路、铁路、桥梁、房建等混凝土接缝工程中。而在水工伸缩缝施工中，用聚乙烯板替代传

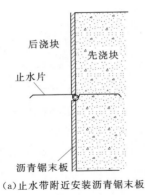

（a）止水带附近安装沥青锯末板

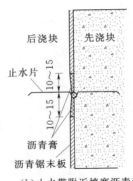

（b）止水带附近填塞沥青膏

图 2-12　沥青锯末板施工方法示意图（单位：cm）

统的沥青油毡、沥青锯末板等材料，使其施工方便、速度快，且大大地降低施工成本。聚乙烯板的物理力学性能见表 2-22。

表 2-21　　　　　　　　　沥青锯末板缝面填料材料消耗表

材料名称	单　　位	沥青锯末板（2cm）	沥青锯末板（3cm）
沥青	kg/m²	5	12
锯末板	kg/m²	3.5	8

1）容重轻，伸缩强度大，不吸水，产品环保，施工简便，防渗、防漏、止水效果佳。

2）具有良好的耐热性和耐寒性，化学稳定性好，还具有较高的刚性和韧性，机械强度好。

3）外观蜂窝状孔洞分布均匀，能随混凝土的膨胀收缩变化而变化，从而增强膨胀止水效果。

表 2-22　　　　　　　　　聚乙烯板的物理力学性能表

性　　能	标　准　要　求	性　　能	标　准　要　求
表观密度/（g/cm³）	0.05～0.14	吸水率/（g/cm³）	0.005
抗拉强度/MPa	≥0.15	复原率/%	≥90
抗压强度/MPa	≥0.15	压缩永久变形/%	≤3.0
撕裂强度/（N/mm）	≥4.0	延伸率/%	≥100
加热变形/%	≤2.0		

聚乙烯板的施工亦可以采用预埋法或粘贴法，一般采用粘贴法居多。粘贴法施工方法如下：

待先浇块混凝土初凝后拆除伸缩缝处模板，并及时将预先加工好的聚乙烯板用适当长度的混凝土钢钉钉在伸缩缝表面，安装时确保聚乙烯板表面与混凝土缝面紧密相接，随后进行另一侧的混凝土的施工。聚乙烯板施工方法见图 2-13。

（4）沥青麻丝。沥青麻丝填缝施工属于先成缝后嵌缝的施工工艺，一般有两种施工方法：一是用在沥青油浸泡过的麻丝嵌入伸缩缝中；二是，用麻丝将伸缩缝填塞满后用热沥青灌缝。由于后者施工难度比较大，而且在灌缝的过程中麻丝容易被挤压，并且填缝不均匀，所以很少用于施工中。

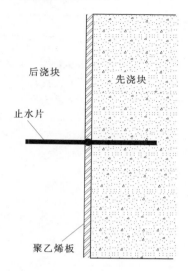

图 2-13　聚乙烯板施工方法示意图

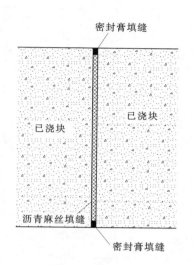

图 2-14　伸缩缝大样示意图

　　沥青麻丝填缝在水工建筑物中，主要用于场内公路、排水箱涵等建筑物的分缝施工。按照设计对伸缩缝厚度的要求选用合适的泡沫板，将其安装在事先测量放样好的伸缩缝位置，加固牢靠，然后浇筑混凝土，待混凝土浇筑完毕 7d 后拆除泡沫板，用浸泡过的沥青麻丝填入预留的伸缩缝中。在这种填缝施工中，对于有防水要求的，一般填沥青麻丝的同时，在端头采用专用聚硫密封膏进行填缝，以此加强止水效果。伸缩缝大样见图 2-14。

　　填缝时可以根据现场情况制作专用工具，在避免破坏周边止水带的前提下将沥青麻丝填入缝中，反复压紧直至密实，以确保填缝的均匀和密实。沥青麻丝填缝工具见图 2-15。

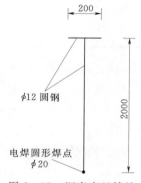

图 2-15　沥青麻丝填缝工具示意图（单位：mm）

　　在预留伸缩缝槽的混凝土浇筑过程中，由于泡沫板容易破损，泡沫板两侧的混凝土应保持同步上升，振捣棒必须保证距离泡沫板 50cm 进行振捣，防止损坏泡沫板。

　　（5）嵌缝密封材料。嵌缝密封材料性能控制指标见表 2-23。

2.2.2　伸缩缝面填料安装质量控制

　　（1）采用粘贴法施工时，应先将混凝土局部不平整表面、挂帘、麻面等缺陷处理完毕，割除外露面的施工铁件，使缝面平整、洁净。

　　（2）缝面填料的材料、厚度应符合设计要求。

　　（3）伸缩缝缝面填缝前要保持干燥，先刷冷底子油，再按照工序进行粘贴施工，填缝材料粘贴高度不得低于混凝土收仓高度。

　　（4）当伸缩缝是涂刷沥青料时，待已浇好混凝土缝面风干后涂刷沥青料，涂刷时确保涂刷均匀、平整，与混凝土黏结紧密，无气泡及隆起现象。

表 2-23　　　　　　　　　　嵌缝密封材料性能控制指标表

序号	测试项目（指标）名称		指标
1	浸泡质量变化率 （浸泡 5 个月）	水/%	≤±3
		饱和 Ca(OH)$_2$ 溶液/%	≤±3
		10% NaCl 溶液/%	≤±3
2	拉伸性能	常温拉伸强度/MPa	≥0.05
		常温扯断伸长率/%	≥400
		低温拉伸强度/MPa	≥0.7
		低温扯断伸长率/%	≥200
3	密度（23℃±2℃）/(g/cm³)		≥1.1
4	黏结性能 （黏结面完好比例）	常温，干燥/%	100
		常温，潮湿/%	≥90
		低温，干燥/%	≥90
5	冻融循环耐久性（100 次循环，黏结面完好比例）/%		100
6	热稳定性（45°倾角、80℃、8h 的流淌值）/mm		≤1
7	施工度（针入度）/0.1mm		≥70
8	流动止水性能（流动长度）/mm		≥130

（5）当粘贴沥青油毛毡嵌缝材料时，铺设厚度均匀平整，加固牢靠，每片填缝料必须搭接紧密。

（6）当铺设沥青锯末板或聚乙烯板时，相邻块安装紧密，平整无缝隙，加固牢靠。

2.3　坝体排水管

经过工程实践与总结，坝体排水孔常采用埋设透水管、拔管或钻孔等方法形成，混凝土重力坝坝内竖向排水管一般设在上游防渗层下游侧，排水孔孔距为 2～3m，埋管和拔管的孔径为 15～20cm，钻孔的孔径为 76～102mm。

2.3.1　埋管

传统的埋管有多孔性麻花管、无砂混凝土管等，因经济、排水效果等因素，麻花管已不常采用。随着新技术、新材料的出现，塑料排水盲管已开始采用。

（1）无砂混凝土埋管结构。无砂混凝土是由粗骨料、水泥和水拌制而成的一种多孔轻质混凝土，它不含细骨料，由粗骨科表面包覆一薄层水泥浆相互黏结而形成孔穴均匀分布的蜂窝状结构，故具有透气、透水和重量轻等特点。无砂混凝土埋管典型结构见图 2-16。

（2）无砂混凝土配合比。无砂混凝土的配合比设计及施工工艺与普通混凝土不同，就其工程应用而言，要求既要有足够的强度，又要有良好的透水性。目前，为止仍无成熟的

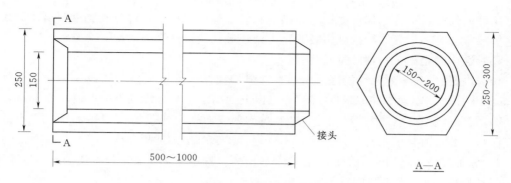

图 2-16　无砂混凝土埋管典型结构图（单位：cm）

计算方法，配合比设计的原则是将骨料颗粒表面用一层薄水泥浆包裹，并将骨料颗粒互相黏结起来，形成一个整体，具有一定的强度，而不需要将骨料之间的孔隙填充密实。1m³无砂透水混凝土的质量应为骨料的紧密堆积密度和单方水泥用量及水用量之和，大约在1600～2100kg 的范围内。根据这个原则，可以初步确定无砂透水混凝土的配合比。无砂透水混凝土应采用高强度等级水泥及较大幅度级配的卵石骨料配制。一般采用5～13mm的卵石骨料，强度等级为42.5 的普通硅酸盐水泥在不掺外加剂的情况下，用水泥裹石法可以配制出抗压强度为24.5MPa，渗透系数为2.8mm/s 的无砂透水混凝土，最佳配合比水泥：水：石子为1：0.3：5.6。

无砂混凝土参考配合比见表2-24。

表 2-24　　　　　　　　　　无砂混凝土参考配合比表

序号	混凝土标号	水泥/kg	5～10mm 卵石/kg	10～20mm 卵石/kg	水/kg	备　注
1	C7.5	220	1650		77	32.5 水泥
2	C10	240	1650		72	42.5 水泥
3	C15	330		1660	99	42.5 水泥
4	C20	390		1660	117	42.5 水泥

（3）无砂混凝土的成型。无砂混凝土的成型振动时间由试验确定。振动时间一般控制在30～60s，时间太长（大于60s），水泥浆就会脱离骨料面，时间太短（小于30s）则易成拱，不易密实。自制管两端制作时应加砂、加强振捣，提高管的强度。无砂混凝土不产生离析，所以施工时可以从较高处往下浇灌。由于无砂混凝土黏着力很差，所以施工时模板必须在原位保持到混凝土达到足够强度，即材料都固结在一起时，才能拆除。同时加强湿养护，相关研究证明采用加压闭模蒸养有利于强度的提高。

（4）无砂混凝土埋管施工。

1）安装。测量定位准确，固定牢靠，每节接头必须坐浆连接，接头处管外裹一层土工布进行封闭，随仓内混凝土上升逐节安装，混凝土收仓后管口必须加盖保护。在下管安装时，管接头必须处理好，竖向排水管的布置必须保证垂直，吊装时注意避免碰撞无砂管。

2）连接。一般采取承插式、套接与坝体排水孔和廊道相接，埋管和坝体排水孔间的缝隙用砂浆勾缝，或者承插口涂刷胶粘剂后将管子插入承口，将部分胶粘剂挤出。套接的排水管接头立管和横管均应按规定设固定支架，确保连接严密。

(5) 选用满足施工特性的排水盲管。

1) 抗压强度高，耐压性能好。塑料盲管强韧性保证不会被压断和毁坏，正常条件下在 250kPa 压力，断面空隙率仍保持在 60％以上，满足埋管在混凝土中埋设的施工要求。

2) 表面开孔率高，集排水性好。塑料盲沟的表面平均开孔率 90％～95％，能有效地收集渗水，并及时将汇集水排走。满足坝体埋管渗透排水的适用要求。

3) 施工方便。塑料盲沟的比重轻，不易损坏，现场施工安装十分方便，施工效率高。

(6) 塑料排水盲管施工。

1) 加工。按照图纸的断面尺寸要求，放样确定排水盲管的位置，根据盲管设计要求长度，采用切割机下料，保证切口平整。

2) 安装。测量定位准确，可以采取吊车配合人工安装。管接头必须处理好，固定牢靠，竖向排水管的布置必须保证垂直，根据混凝土上升逐节安装，混凝土收仓后管口必须包裹保护。盲管布设采用短筋固定的方法，每 1m 左右一道，严格控制其坐标。将钢筋点焊成 U 形，放置排水盲管，然后在管上面另外焊接一根短钢筋使其形成"井"字结构进行定位和固定，防止排水盲管在混凝土施工过程中的变形、移位和上浮。

3) 连接。盲管一般采取套接，管与管的接头处用硬质 PVC 黏合剂挤涂好，再套上PVC 接头、三通或四通管连接。必要时接头处涂刷一层沥青，将土工布粘贴在沥青上，确保混凝土浇筑时水泥浆液不能渗入。端部与坝体排水孔和廊道相接一般情况采取承插式，承插口涂刷胶粘剂后将管插入承口，将部分胶粘剂挤出。

4) 混凝土浇筑。浇筑前应进行一次专项检查，确保盲管接头连接严密，浇筑段固定牢靠。混凝土的下料和振捣时，在管周围应同步对称进行；在混凝土振捣过程中，应有专人全过程负责振捣和观察，避免漏振、过振、避免盲管偏位和上浮现象的发生。

2.3.2 拔管

坝体排水拔管多为垂直或接近垂直方向，拔管分为钢拔管和木拔管两种。采用钢拔管施工操作安装可靠，但成本高。采用木拔管施工操作安装方便，成本较钢管低，但木拔管在混凝土施工中易损伤，且周转次数少，拆除不当容易造成坝体排水孔堵塞，后期疏通处理困难，形成质量隐患，因此相对钢拔管已较少采用。

(1) 木拔管。

1) 木拔管结构。木拔管包括主块模板、脱式木条、芯条、铰接板和螺栓。具体结构见图 2-17。

2) 安装与拆除。安装时先用铁丝将主块模板和脱式木条箍好，并插入芯棒，撑紧脱式木条。安装时，管外涂隔离剂，根据设计位置采用钢筋支撑架设。拆除次序与安装次序相反。拆模一般在混凝土龄期 30h 左右进行（夏季适当提前，冬季适当推后），以混凝土终凝后强度又不是太高时为宜，根据混凝土试验结果和现场试拔情况控制。成孔后在排水孔顶面及时加盖保护，以防砂石、水泥浆等进入堵塞。

(2) 钢拔管。

1) 钢拔管结构。钢拔管采用管径为 150～200mm、长 1.5～2m 的无缝钢管加工，由

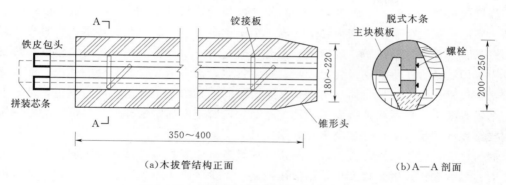

（a）木拔管结构正面　　　　　　　　　（b）A—A 剖面

图 2-17　木拔管结构示意图（单位：mm）

管身和管盖组成，底部成锥形，锥度在 2％左右，锥口处的圆变锥段制作要光滑顺畅。管外壁涂刷隔离剂（如黄油）。传统钢拔管设置简易起吊支架，钢管端用钢板封口，在钢板外侧中央制作一个吊耳，直径大的一端装有把手，便于转动和提升；钢拔管采用液压拔管机拔管时，由液压系统、拔管架和卡键组成受力件，采取三脚架和倒链进行拔管时，由支架、吊环、固定套头和倒链组成。具体结构见图 2-18。

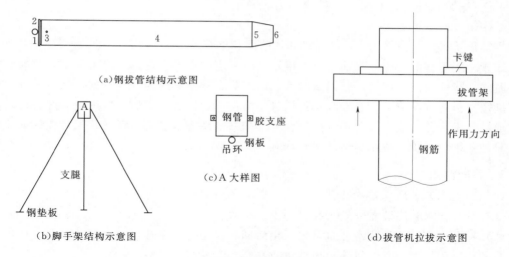

（a）钢拔管结构示意图

（b）脚手架结构示意图

（c）A 大样图

（d）拔管机拉拔示意图

图 2-18　钢拔管结构示意图
1—吊耳；2—厚不小于 10mm 钢板；3—圆孔；4—钢拔管；5—锥管段；6—封底

2）工艺流程。测量放样→拔管安装→检查孔内是否畅通→混凝土卸料、摊铺→混凝土浇筑→拔管→封口。

3）施工方法。进行测量放线经检验无误后进行钢管埋设。安装就位后，应用临时支撑加以固定（如设置斜拉杆等）避免移位，然后将表面均匀涂刷隔离剂（如黄油）。

三脚架和倒链施工：在仓号准备浇筑之前，将钢拔管锥头向下，插入坝体排水孔，钢拔管和坝体排水孔间的缝隙用砂浆勾缝。对于碾压混凝土，每浇筑层完成后，人工对钢管进行转动，松动后人工向上拔一层，每次拔出的高度为碾压混凝土摊铺厚度。对于常态混凝土，铺完第二坯料后、铺第三坯料前，人工对钢管进行旋转松动，待第三坯料铺筑后终凝后强度较低时（一般在 12h 左右）进行第一次拔管，拔高 50cm 左右，后面依照以上原则结合实际情况进行施工。钢拔管要每隔一个半小时旋转一次。在旋转钢拔管时，一般采用倒链条管子钳卡住钢拔管，旋转钢拔管时，先左右小角度缓慢旋转，再大角度旋转钢拔管。当采用链条管钳旋转钢拔管比较吃力时，将钢管插入钢拔管端头处的孔内，助力旋转钢拔管。拔钢拔管之前架设简易三脚架并架设牢固，三脚架顶部吊环应与钢拔管基本上处于一个铅垂线上，然后将倒链固定挂钩挂在简易三脚架的固定吊环上，将倒链的提升钩挂在钢拔管顶部的吊耳上，开始缓慢提升钢拔管。

液压拔管机施工：液压拔管机是起拔专用设备，主要技术参数：最大起拔直径、最大起拔力、最大起拔高度。拔管机采用液压控制，减少了人工，提高了施工效率。液压拔管机利用夹管器夹住钢管头，液压缸强制顶压夹管器，使之向上顶升一段距离，将钢管逐段拔出。计算拔管力 $S(kN)$：可根据公式：

$$P = UL\tau + G$$

式中　P——静摩擦力，kN；

U——钢管周长，m；

L——有效管长，m；

τ——对应土层与桩壁的极限摩擦力，kPa；

G——钢管重量，kN。

推算出 P；所需拔管力 $S \geqslant P$ 确定起拔时间和钢管埋深。

拔管施工应在混凝土终凝前、且混凝土具有一定的强度后进行。施工关键是准确确定初拔时间，拔管时间的确定，是以试验给出的混凝土凝固时间为基本依据，然后通过现场试验确定。拔力方向应与拔管轴线一致，且用力均匀，拔管拔出后立即进行清洗。每次拔管完成后，进行冲洗检查，对不通部位及时处理并保持排水管清洁畅通，然后在排水孔顶面及时加盖钢板保护，或用封堵木塞封堵排水孔，以免砂石、水泥浆等进入堵塞。

2.3.3　后期钻孔

（1）施工工艺。后期排水孔钻孔施工工艺：测量放控制点→布孔→钻机对中、调平→钻孔→冲洗→排水孔内装置安装→孔口保护→验收。

（2）钻孔施工。坝体排水孔也可以采用后期在混凝土内钻孔形成。钻孔根据设计尺寸及钻孔条件选用轻型潜孔钻机或地质钻机成孔。

测量放出排水孔的孔位控制线、高程，钢尺配合放出各孔位并做好标示，对排水孔统一编号，确定坝体内已埋设施位置，施工应避免钻坏坝体内的各种设施。

开钻前对钻机孔向、顶角进行复核，准确无误后再行开钻，钻孔过程中每 5~10m 测量一次孔斜，确保钻孔偏斜符合要求。

详细记录钻孔过程中混凝土情况、岩石破碎程度、钻孔过程的快慢及钻孔过程中的异常情况，为钻孔孔内保护提供必要的基础资料。

成孔后一般采用风水联合脉动冲洗，将孔底和黏附在孔壁充填物冲出孔外，直至回水澄清 10min 后结束，然后采用钢板封盖或木塞封堵排水孔，以免砂石、水泥浆等进入堵塞。

大坝建成后，上游的水将通坝体和坝基的接触面、坝基的节理裂隙等向下游渗透，在坝体内和坝底面产生渗透水压力,进行排水减压是采取的措施之一。一般在基础面埋设纵横向管网或竖向设渗透管减少扬压力。传统的埋管一般为无砂混凝土管,因制作和施工中易损坏等因素,应用逐步减少。近年来,塑料排水盲管因比重轻,现场施工安装十分方便,施工效率较高,已开始广泛采用。

2.4 坝基岩面埋管

2.4.1 塑料排水盲管

(1)塑料排水盲管结构。塑料排水盲管是将热塑性合成树脂加热熔化后通过喷嘴挤压出纤维丝叠置在一起,并将其相接点溶结而成的三维立体多孔材料〔国际上称复合土工排水材(Geocomposite Drain)〕。在主体外包裹土工布作为滤膜,用于坝体排水的常用有多孔圆形、中空圆形两种结构形式,具有多种尺寸规格,常见的有外径ϕ150、ϕ200两种。塑料排水盲管典型结构见图2-19。

图2-19 塑料排水盲管典型结构图

(2)材料检测。包括目测外观;游标卡尺进行内外径偏差测定;采用符合国标要求的专用试验设备进行刚度、通水率测定,符合相关要求方可入场。

(3)施工工艺。一般基础面埋设纵横向塑料盲管管网或竖向设盲管,盲管通常由土工膜覆盖,水泥砂浆或细石混凝土压覆。

一般施工程序为:基面沟槽开挖→基岩面清理→沟槽底部砂卵石找平→盲管铺设→土工膜覆盖→垫层混凝土浇筑。考虑到现场具体施工情况,也可垫层混凝土先行施工,则垫层混凝土浇筑时预留沟槽,在埋设盲管时把沟槽底部混凝土彻底凿除干净。

(4)施工方法。在清理干净的基岩面按设计尺寸进行放样,在沟槽部位采用人工将清洗干净的砂卵石或碎石摊铺、找平和压实。根据盲沟设计要求长度,采用切割机下料,现场采用四通PVC管连接成管网,采用插筋将其固定于设计位置。盲管外面采用土工膜包裹,铺设好的土工膜应松紧适度,自然平顺,不应绷拉过紧,外侧随即采用水泥砂浆压覆。在管口安装PVC排水管接头,利用定位桩加固,待施工完成定位后,按设计要求进行素混凝土垫层施工。垫层混凝土施工时派专人进行看护,保证混凝土浇筑密实、盲管不受损伤。将每个PVC管用提前加工的钢筋套牢、保护,保证排水管位置、方向和坡度准确,对PVC管孔口进行堵塞、包裹保护。排水盲沟网端部设PVC套管接入廊道,混凝土施工前固定预埋,塑料排水盲管施工见图2-20。

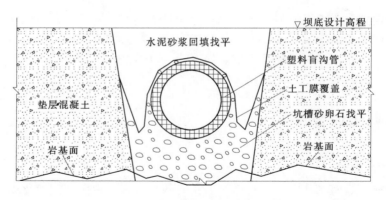

图 2-20　塑料排水盲管施工示意图

2.4.2　无砂混凝土管

坝基岩面减压排水无砂混凝土管一般外包土工布，并在四周铺设砂石反滤层，其施工工艺为：坝基找平或沟槽开挖→土工布及无砂管敷设→反滤层回填。具体制作和施工方法参照"第 2.3.1 条埋管"和"第 2.4.1 条塑料排水盲管"进行。

2.5　金属埋件

金属埋件包括通常预埋件和后加埋件，通常的金属埋件是在混凝土开仓前安装固定好或在混凝土浇筑时埋入，是在第一道工序安装，后续工序完成后使用；后加埋件是在混凝土达到相当强度后，在混凝土中埋入埋件。金属埋件主要有：预埋地脚螺栓；锚固或支撑用的插筋、锚筋、连接和定位用的铁板；吊装用的吊环、锚环；各种扶手、爬梯、栏杆埋件等。

2.5.1　安装施工

（1）地脚螺栓预埋。预埋螺栓固定的方法有两种：先固定支架后调整螺栓（即先粗调，后微调）；先在支架上固定螺栓后安装调整支架，两者施工方法基本一致。大型螺栓预埋一般采用第一种方法。

1）施工准备。准备地脚螺栓安装的主要工具，预埋件基础施工完成，准备好调整支架，地脚螺栓应进行清洗，螺栓顶上应钻好中心孔。

2）螺栓安装架就位。将螺栓安装架按其型号规格进行编号，运至现场，逐个吊放在承台相应位置并根据基础承台上已画好的"十"字中心线，将螺栓架调整到中心位置。

3）螺栓安装架定位。用测量仪器测出每个钢架顶面四角的实际标高，将钢架底标高调整好后，再将钢架下部与基础承台顶面四角的金属埋件焊接固定。

4）找正螺栓固定板。由测量人员依次定出各横向及纵向轴线。挂上中心线后，调整螺栓固定板的高度达到图样的要求并点焊定位，检查无误则将螺栓固定板焊接固定。

5）穿地脚螺栓。按施工图上标出的螺栓规格和标高，把螺栓穿到固定板上。并把螺栓高度旋到接近标高处。

6）地脚螺栓的找正。螺栓标高拉好后，由测量人员逐个检查，做好标记。人工微调螺栓使螺栓顶中心眼最终到达中心位置，并且使螺栓竖向垂直度偏差小于设计允许值（一般为1/1000）。

7）地脚螺栓的固定。找正螺栓中心和垂直度后，把螺母点焊在固定板上，检查无误后分成几个方向焊在固定架上。

8）螺栓丝口保护。安装完毕，经检查全部符合要求后，及时对所有螺栓上部的丝杆采取保护措施。

9）记录。安装过程中应详细做好相应的施工记录，真实反映地脚螺栓的型号、规格等内容。

（2）插筋与钢板预埋。

1）施工准备。按施工图的要求事先加工好锚板及插筋，钢板埋件的四周应除去毛刺，并加工成光边。插筋和预埋钢板接触的部分如采用U形结构一般用双面焊，直接焊接则采用T形焊。测量人员依次定出埋设位置和高程，安置于需要的位置。

2）插筋施工。按设计要求进行钻孔，然后采用风吹洗干净。化学锚栓法施工工艺：将锚固剂放入锚固孔并推至孔底，用专用安装夹具将插筋插至孔底；注浆法施工工艺：插筋插至孔底，采用注浆器将拌和均匀的砂浆注入，保证浆液填塞饱满。插筋埋设后，孔口需加楔子，避免碰撞。

3）表面预埋件固定。预埋件位于现浇筑混凝土表面，平板型预埋件尺寸较小，可将预埋件直接绑扎在主筋上，面积大的预埋件施工时，除用插筋固定外，其上部点焊角钢适当补强，必要时在锚板上钻孔排气甚至钻捣振孔。

4）侧面预埋件固定。预埋件位于混凝土侧面，预埋件面积较小时，可利用螺栓紧固卡子、普通铁钉或木螺丝将预先打孔的埋件固定在木模板上，或将预埋件的插筋接长，绑扎固定。预埋件面积较大时，可在预埋件内侧焊接螺帽，用螺栓穿过锚板和模板与螺帽连接并固定。

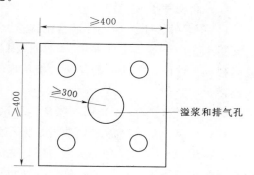

图2-21　排气溢浆孔设置图（单位：mm）

5）埋设在构件上表面的钢板埋件，短边大于300mm时宜开设排气孔，预先钻好2~6个排气（水）孔，孔径ϕ20mm左右，均匀布置，使钢板下混凝土浇筑密实。

6）对处于混凝土浇筑面上，锚板平面尺寸大于400mm×400mm的预埋件，应按施工图要求在锚板中部适当位置设置直径不小于300mm的排气溢浆孔，如果没设计图进行排气溢浆孔设置见图2-21。

7）对于HRB335级锚筋当锚固长度不足时，可以按照增加横向插筋的方法进行处理，但必须经设计单位同意后采取。锚筋锚固长度加强施工见图2-22，保证弯钩内侧混凝土浇筑质量；插筋与弯钩部位一般应贴紧焊牢，施工困难时可以贴紧绑扎牢靠；采取成组的锚筋时应视预埋件所在结构部位，在弯钩部位设置必要的构造钢筋，预防混凝土表面开裂。

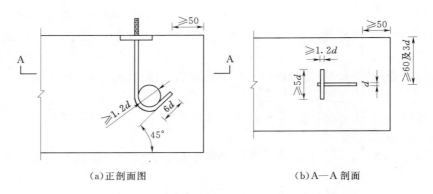

| (a)正剖面图 | (b)A—A剖面 |

图 2-22　锚筋锚固长度加强施工图（单位：mm）

（3）吊钩及铁环预埋施工。

1）施工准备。为方便吊装，楼板等钢筋混凝土板内预留铁环吊点，在吊车梁等大型吊件设置吊钩，吊钩（铁环）按设计材料、型号进行加工。吊环应采用 HPB235 钢筋，端部加弯钩，不得使用冷处理钢筋，且尽量不用含碳量较多的钢筋，吊钩宜采用冷弯工艺。

2）埋设。首先进行测量定位，吊钩（铁环）的设置位置应按设计图集对称定点，预埋铁环设置双向吊点，吊钩锚入梁内不少于 $30d$，安装的吊环和铁环与钢筋连接处点焊固定。吊环应居构件中间埋入，并不得歪斜。露出环圈不宜太高或太矮，为保证卡环装拆方便，一般高度 15cm 左右或按设计要求外留。

（4）爬梯扶手及栏杆预埋件施工。

1）预埋件施工。预埋件通常由锚板（钢板或型钢）和固定在混凝土中的锚固筋组成，在混凝土仓内测量确定埋件位置，用锚固筋固定锚板，根据混凝土收仓面高程确定锚板埋设高程，具体施工方法同插筋、铁板预埋施工，安装时将爬梯扶手及栏杆下端与预埋件焊接连接。

2）后加埋件施工。采用膨胀螺栓和钢板制作后置连接件，首先在楼梯地面或基础面上放线，确定位置，然后采用冲击钻钻孔后再安装膨胀螺栓，螺栓保持足够的长度，螺栓定位后将螺母拧紧，同时将螺母与螺杆之间焊接，保证螺母与钢板之间牢固。采用锚板加化学锚栓进行预埋，按照埋件施工图通过放线确定埋件的位置，在基材中相应位置钻孔至设计深度，采取硬毛刷刷孔壁再配吹风机清孔，后将锚固剂推入钻孔，采取电锤将螺杆强力旋转推至孔底或适当位置，避免扰动埋件直至锚固剂完全固化。

2.5.2　混凝土施工中埋件的看护

浇筑混凝土前检查埋件位置是否正确。宜采用细骨料混凝土。下料高度大于 2m 时，禁止直接从高处下料，而应采取分段安装和浇筑。

在混凝土浇筑过程中，预埋铁件周围必须细心振捣密实，无法使用振捣器的部位，应辅以人工捣固，但不得随意移位或松动。振捣混凝土时从预埋件侧边伸入振动棒头，防止棒头碰击打歪预埋件和碰撞钢筋，在混凝土浇筑中和浇筑后凝固过程中，不得晃动或使埋件受力。

混凝土成型后，应加强养护，防止混凝土产生干缩变形引起预埋件内空鼓，拆模应先拆周围模板，然后放松螺栓等固定装置，轻击预埋件处模板，待其松劲后拆除。在混凝土初凝前，通过检查后可以将外露的偏位较小的金属埋件进行适当调整。混凝土拆模后，对埋件进行复测，并做好记录，同时检查混凝土表面尺寸，清除遗留的杂物。

3 金属结构及机电一期埋件

3.1 水力机械埋件

3.1.1 管路系统

水力机械埋件管路系统安装主要分为管路系统附件的制作、管道焊接、管道安装、管道内壁处理、管道及管件的压力试验等步骤。

（1）管路系统附件的制作。

1）核对管道材料及管件的材质、规格、型号、数量符合技术要求。同时，对其进行外观检查，应符合下述要求：

A. 无裂纹、气孔、夹渣等缺陷。

B. 内、外表面光滑，无锈蚀，精度及光洁度达到设计及规范要求。

C. 钢管外径及壁厚尺寸偏差符合有关制造标准要求。

D. 钢管、管材椭圆度符合设计、制造等有关规程规范要求。

2）管道切割有如下方式：

A. 碳素钢管、合金钢管宜采用机械方法切割，当采用氧气火焰切割方法时，必须保证尺寸正确和表面平整。

B. 不锈钢管、有色金属管宜采用机械并使用专用砂轮片或等离子方法切割。

C. 镀锌钢管宜用钢锯或机械方法切割。

D. 直管段下料宜用电动锯切割，少量小口径管子可用手工钢锯切割。

E. 管子切割完毕后，切口应平整、无裂纹、重皮、毛刺、凹口、缩口、熔渣、氧化物、铁屑等。切口端面倾斜偏差不应大于管子外径1‰，且不超过3mm。

F. 三通的主管和支管下料时可在管子上按照整个直径用钻头、车刀或铣刀一次钻（镗、铣）出所需的孔洞或曲叉，若无大小合适的钻头或铣刀，则可按照孔洞或曲叉的轮廓先钻出若干个直径8～10mm的小孔，然后再用工具将小孔之间的残留部分凿掉。

3）在工程施工中的预埋管路的弯头尽量选用成品压制无缝弯头，但设计施工图纸未作规定，并在埋设条件许可时，其弯头加工可采用自制弯头，并尽可能采用平滑过渡的大弯曲半径。油、水、气管路应尽量采用成品管件连接。其中管路的弯曲半径，成品采购为1.5倍的管子直径；采用弯管机器热弯时，一般不小于管子直径的1.5倍；采用人工热弯管时，一般不小于管径的3.5倍；冷弯管时，一般不小于管径的4倍；采用加热褶弯法弯曲时，一般不小于管子直径的2.5倍。

4）热弯管应用木炭、焦炭、石油或煤气加热，不宜使用煤炭加热。加热应均匀，升温应缓慢，加温次数一般不超过3次。常用管子热弯温度及热件处理条件见表3-1。

表3-1　　　　　　　　　　　常用管子热弯温度及热件处理条件表

材　质	钢　号	热弯温度区间/℃	热处理条件		
			热处理温度	恒温时间	冷却方式
碳素钢	10、12	750～1050	不处理	不处理	不处理
不锈钢	1Cr18Ni9Ti	900～1200	1050～1100℃淬火	壁厚0.8min/mm	水急冷
有色金属	铜	500～600	不处理		
	铜合金	600～700			

5）弯制有缝钢管时，有缝钢管必须将焊缝放置弯头侧面（中性层）不受力的地方，其管子纵缝位置应处于水平与垂直之间的45°处；为减小管子与滚轮、管槽板的摩擦力，可以在管子上涂抹润滑剂；冷弯大直径薄壁管的管子时，为避免弯曲时产生椭圆，管子里可以预先装上砂子。

6）管子弯制后的质量应符合下列要求：

A. 无裂纹、分层，过烧等缺陷。

B. 管子截面的最大与最小的径差，一般不超过管径的8％。

C. 变曲角度应与样板相符。

D. 弯管内侧波纹褶皱高度一般不大于管径的3％，波距不小于4倍波纹高度。

E. 环形管弯制后，应进行预装，其半径偏差一般不大于设计值的2％；管子应在同一平面上，其偏差不大于40mm。

7）经切割后的管子端部切口质量要符合下列要求：

A. 管子端部切口表面平整，局部凹凸一般不大于3mm。

B. 管端切口平面与中心线的垂直偏差一般不大于管子外径的1％，且不大于3mm。

C. 管道任何位置不应有十字形焊缝及在焊缝处开孔。

8）"Ω"形伸缩节，一般用一根管子搣成，并保持在同一平面。

9）由于施工条件限制，有的大管径、薄管壁及弯曲半径小的弯头需要用分节拼制并焊接成型弯头，其90°弯头的分节数，一般不小于4节；焊后弯头轴线角度应与样板相符；焊接弯头的曲率半径，一般用不小于管径的1.5倍。

10）焊制三通的支管垂直偏差一般不大于其高度的2％。

11）锥形管制作，其长度一般不小于两管径的3倍，两端直径及圆度应符合设计要求，偏差不超过设计直径的±1％，且不超过±2mm。

12）通风管制作检验标准见表3-2。

13）管路系统附件的制作检验标准见表3-3。

（2）管道焊接。

1）预埋管道采用焊接连接，管道组接时应对焊面及坡口两侧30mm范围内清除油污、铁锈、毛刺等，清除合格后应及时焊接，焊接后清除管道内外壁焊疤，焊缝表面应无裂纹、夹渣、气孔、凹陷及过烧等缺陷。

2）铸铁件焊接时，室温应保持在10℃以上，并将管段预热至250～400℃，才可施焊。施焊完成后，应用石棉布或石灰盖上，使之缓慢冷却。

表 3-2　通风管制作检验标准表

序号	项　目	允许偏差/mm		检验方法
		合格	优良	
1	通风管直径或边长	-2	-1	钢卷尺检查
2	风管法兰直径或边长	+2	+1	钢卷尺检查
3	风管与法兰垂直度	2	1	用角尺和钢板尺检查
4	横管水平度	3mm/m且全长不大于20m	2mm/m且全长不大于10m	用水准仪和钢板尺检查
5	立管垂直度	2mm/m且全长不大于20m	2mm/m且全长不大于10m	吊线垂和钢板尺检查

表 3-3　管路系统附件的制作检验标准表

序号	项　目	允许偏差/mm		检验方法	备注
		合格	优良		
1	管截面最大与最小管径差	不大于8%	不大于6%	用外卡钳和钢板尺检查	
2	弯曲角度	±3mm/m且全长不大于10	±2mm/m且全长不大于8	用样板和钢板尺检查	
3	折皱不平度	不大于3%D	不大于2.5%D	用外卡钳和钢板尺检查	D—管子、锥形管公称直径
4	环形管半径	不大于±2%R	小于±2%R	用样板和钢卷尺检查	R—环管曲率半径
5	环形管平面度	不大于±20	不大于±15	拉线用钢板尺检查	
6	Ω形伸缩节尺寸	±10	±5	用样板和钢板尺检查	
7	Ω形伸缩节平直度	3mm/m且全长不超过10	2mm/m且全长不超过8	拉线用钢板尺检查	
8	三通主管与支管垂直度	不大于2%H	不大于1.5%H	用角尺和钢板尺检查	H—三通支管高度
9	锥形管两端直径	不大于±1%D		用钢卷尺检查	
10	卷制焊管端面倾斜	不大于0.1%D		用角尺和钢板尺检查	
11	卷制焊管周长	不大于±0.1%L		用钢卷尺检查	L—焊管设计周长

3）管子接头应根据管壁厚度选择适当的坡口型式和尺寸，一般壁厚不大于4mm时，选用Ⅰ型坡口，对口间隙1～2mm；壁厚大于4mm时，采用70°角的V形坡口，对口间隙及钝边均为0～2mm。管子对口错边应不超过壁厚的20%，但最大不超过2mm。

4）碳素钢管采用电弧焊焊接；不锈钢管采用氩弧焊焊接；机组的油、气系统及有特殊要求的水系统管道中的钢管对口焊接时，应采用氩弧焊封底，电弧焊盖面的焊接工艺；管子的外径 $D \leqslant 50mm$ 的对口焊接宜采用全氩弧焊。

5）铜管的对口焊接和铜管与碳钢管接头的焊接，宜采用承插口插入焊接。

6）焊缝加强部分不得小于 1mm，允许有不超过 0.5mm 的凹坑，超过时应补焊。

7）管道焊接的工艺要求要符合下列要求：

A. 焊条的选用，应按照母材的化学成分、力学性能、焊接接头的抗裂性、使用条件及施工条件等确定，且焊接工艺性能良好。

B. 管道焊接尽可能采用转动方法，以加快焊接速度，并保证焊接质量，尤其是不锈钢管子加快焊接速度，对防止晶间腐蚀意义明显。

C. 焊缝的第一层应是凹面，并保证把焊缝根部全部焊透。第二层要把 70%～80% 的焊缝填满，并保证把两根焊接钢管的边缘全部焊透。最后一层（3～4 层）应把焊缝全部焊满，并保证自焊缝到母材是圆滑的，不应咬边或高低不平，壁厚小于 6mm 管子的焊缝，也不应少于两层。

D. 焊接定位焊缝时，应采用与根部焊道相同的焊接材料和焊接工艺，定位焊缝的长度、厚度和间距离应能保证焊缝在正式焊接过程中不致开裂。

E. 严禁在坡口之外的母材表面引弧和试验电流，并应防止电弧损伤母材。

F. 不锈钢管对口焊接用氩弧焊打底时，焊缝内侧应充氩气或其他保护气体，或采取其他防止内侧焊接缝金属被氧化的措施。

G. 焊接时应采取合理施焊方案和施焊顺序，焊接过程中应保证起弧和弧处的质量，收弧时应将弧坑填满。多层焊的层间接头应错开。

H. 应在焊接作业指导书规定的范围内，在保证焊透和熔合良好的条件下，采用小电流、短电弧、快速焊和多层道焊工艺，并应控制层间温度。

I. 管子外径小于 32mm、壁厚在 4mm 以下的，宜采用气焊。管外径在 80mm 以下、壁厚在 6mm 以下（包括低合金钢管）如电弧焊接施工条件不便时，允许采用气焊焊接。焊接时的技术要求相同。壁厚 2.5mm 以下时可以不开坡口。

8）焊缝质量检查要符合下列要求：

A. 焊缝表面加强高度，其值为 1～2mm；遮盖面宽度，I 形坡口为 5～6mm，V 形坡口盖过每边坡口约 2mm。

B. 焊缝表面应无裂纹、夹渣和气孔等缺陷。咬边深度应小于 0.5mm；长度不超过焊缝长的 10%，且小于 100mm。

C. 除自流排放介质的管道外，管道的焊缝均应在介质为水的强度耐压试验中进行检查，试验压力为 1.5 倍额定工作压力，不得有渗漏及裂纹现象。但最低压力不应小于 0.4MPa，保持 10min，无渗漏及裂纹等异常现象。

D. 额定工作压力大于 8MPa 的管道对接焊缝，除进行介质为水的强度耐压试验外，还应进行射线探伤的抽样检验。抽检比例和质量等级应符合设计要求，设计无要求时抽检比例不应低于 5%，其质量不得低于Ⅲ级。

（3）管道安装。管道的安装埋设应按经过审核合格的设计图纸施工。其主要工作内容是管道位置找正、管道的连接和最后固定等。管道埋设前应按照已经测量好的基准点，包括上、下、左、右的桩号和高程来找正。管道安装预埋时，根据高程和中心位置，使用型钢焊好支架。各支架的中心应用弦线拉好，调整好水平，留有坡度，然后支架用角钢或钢筋固定好。如果在支架下方没有事先埋在混凝土里的角钢，可利用风钻打孔，插上较粗钢筋用以焊接支架，支架尽量焊接在钢筋根部，离地面不得超过200mm，否则容易变形。

在施工中遇较大直径管子时，一般应在水工结构物绑扎钢筋前安装就位，否则运输安装都很困难。较小直径管子如测压管，则可以在绑扎钢筋后再行安装。

1）管道安装时，焊缝位置应符合下列要求：

A. 直管段两环缝间距不小于100mm。

B. 对接焊缝距离离弯管起弯点不应小于100mm，且不小于管子外径。

C. 在管道焊缝上不应开孔，如必须开孔时，焊缝应经无损探伤检查合格。

D. 焊缝距支、吊架净距不小于50mm；穿过隔墙和楼板的管道，在隔墙和楼板处不应有焊口。

2）管子对口检查平直度，在距接口中心200mm处测量允许偏差1mm；全长允许偏差不超过10mm。

3）铸铁管安装。

A. 安装铸铁管前，应清除其表面的粘砂、飞刺、沥青块及承插部位的沥青涂层。

B. 铸铁管材不允许有裂缝、断裂等缺陷。安装铸铁管接口用的橡胶圈不应有气孔、裂缝、重皮或老化等缺陷。

C. 承插铸铁管的给水与排水管道捻口安装，应遵守《建筑给水排水及采暖工程施工质量验收规范》（GB 50242—2008）的规定。

4）塑料管、复合管安装。

A. 管道切割、加工应采用专用工具。

B. 加工后管道端面应平整垂直于轴线，或按相应管道工程技术规程要求的切割面。切割面不应有裂纹、毛刺等缺陷。接口内外应清理干净。

C. 冬季安装应采取保温防冻措施，不得使用冻硬的橡胶圈，给水橡胶圈应符合卫生要求。

D. 塑料管、复合管与金属管件的连接应采用专用连接管件。

E. 用硬塑料管作电缆管，在套接或插接时，插入深度为管道内径1.1～1.8倍，在插接面上涂以胶粘剂粘牢密封；采用套接时，套管两端应采取密封措施。

F. 钢塑复合管、塑料管连接采用的方式、操作要求等应符合相应管道工程技术规程中的要求。

5）管道的埋设，应符合下列要求：

A. 所有预埋管道在安装前都必须进行清扫检查，最好涂上防锈漆。

B. 预埋管道的安装偏差在施工图纸未规定时，预埋管口应露出地面不小于300mm，管口坐标偏差不大于10mm，管道距墙面、楼板不小于法兰安装要求尺寸，并列布置的管口应排列整齐，管口作可靠封堵，并有明显标记；管道穿过楼板的钢性套管，顶部应高出地面20mm，底部与楼板底面齐平；安装在墙内的套管两端应与墙面齐平；地漏篦顶比地面低10mm、比沟底低20mm。

C. 管道不宜采用螺纹和法兰连接，尽量焊接。

D. 测压管道，应当尽可能地走直线，而减少拐弯，曲率半径要大，并且应考虑排空，测压孔应符合设计要求。

E. 预埋管不应有高低不平现象，要注意横平竖直。排水、排油管道应有与流向一致的坡度，其坡度应符合设计要求。无设计要求时，一般按 2‰～3‰ 的坡度施工，否则会影响正常流量。尤其是无压管或较小的排油管应特别注意，避免在管子弯曲的高处部分空气排不出去，或在低处的地方积存一些泥沙和杂物。

F. 油系统管道，不得采用焊接弯头，采用热压制弯头的壁厚应不小于直管壁厚。油、气管道一般采用埋设套管的方法。各类穿越墙和梁柱及穿入钢筋混凝土水箱（池）和地下室外壁的管道，也应加设相应的防护套管，穿过屋面的管道应有污水肩和防雨帽，并根据需要采用防水材料嵌填密实；有防爆、防火要求的管道，应采用不燃且对人体无危害的柔性材料封堵；风管与混凝土、砖风道的连接接口，应顺气流方向插入，并采用密封措施。

G. 预埋管道安装就位后，可采用支撑固定，防止混凝土浇筑或回填过程中发生变形或位移，钢支撑可留在混凝土内，预埋钢管用支撑焊接固定时，不应烧伤管道内壁。

H. 埋设在沟槽内的管道，沟槽底面应按施工图纸要求进行填平夯实后才能铺设。

I. 预埋管出口处需要用法兰连接的。同时，在管道露出混凝土的长度受到限制时，则可采用法兰螺孔内攻丝的办法，再用双头螺柱或螺钉连接。

J. 预埋管封口前要仔细检查每根安装好的管子内有无杂物，内部应清理干净，安装完毕后用要立即封堵，以免进去灰浆和杂物。铸铁管承插口可用一块铁板放入承口内上面再浇筑混凝土，钢管可用钢板封焊，露在混凝土外面的管口用法兰堵板，螺纹口用丝堵堵好，以避免泥水、砂浆进入。管道在施工埋设间断时，应及时暂封管口。

6）管道安装时如缺少阀门不能安装时，为了适应混凝土回填工作的进展，可以加大混凝土预留孔（坑），将阀门处用直管先连接起来。待阀门到工地后，先割下一段管子，把阀门与法兰一起吊入混凝土预留孔预装。若因预留孔的条件受到限制，焊接法兰内外两侧有困难时，对一般压力不高的管道，法兰可以单面焊接。

7）由于混凝土的结构和施工要求，需要对预埋管路进行分缝处理，它可以防止因混凝土的收缩而将管路造成拉裂。

若混凝土沉降量变形较小时，采用传统的方法：在跨缝埋设管路的跨缝段（长度约20倍的管径），外壁涂防锈漆，缠草绳2～3层，刷热沥青并贴油毡2层，封严软垫层的两端，防止水泥浆的渗入导致垫层失去弹性。

若沉降量和伸缩量很大时，在预埋管穿过坝体或机组伸缩缝时，应在伸缩缝处安装伸缩节或波纹管制成的各种型式的膨胀胀节，具体型式应根据管道规格、通流介质、工作压力和伸缩缝的具体情况而定置。

8）在分层浇捣混凝土时，尽量把位于两层中间管路在第一层浇捣时埋上。这样可以减少接头，并给预埋下一层管道提供方便，这对于管道多而地方狭小的位置预埋管路非常重要。这种情况适用于直径 50mm 以上的管道，对于小直径的管子或转弯较多的管道仍须按照每次浇捣高度来考虑。

9）管道全部安装检查完毕合格后方可交付验收并浇捣混凝土。在浇捣时应派专人值班，监视管子是否移动。混凝土的流通口不能对准管子，振捣器不得在管子附近振动，尤其是小直径的管子更要特别注意，若发现问题应及时处理。

（4）管道内壁处理。管道焊接完毕后，耐压试验之前，便可进行内壁处理。

1）设备表面钝化膜形成不完善，与铁离子接触造成污染，在使用过程中就会出现锈蚀现象，造成运行介质指标变化等。油系统管道和调速系统管道安装前，其内壁可按设计要求进行酸洗、中和及钝化处理。设计无要求时，其方案参考下列内容：

A. 管道安装前，其内壁可采用槽浸法或系统循环法进行酸洗、钝化。

B. 管道内壁的酸洗，应消除其锈蚀部分，并保证不损坏金属的未锈蚀表面（即过酸洗）。

C. 当管道内壁有明显油斑污渍时，无论采用何种酸洗方法，酸洗前应将管道进行脱脂处理。管道可采用有机溶剂（二氯乙烷、三氯乙烷、四氧化碳、工业酒精等）、浓硝酸或碱液时行脱脂。

D. 采用系统循环酸洗前，管道系统应作空气试漏或压水试漏。

E. 采用系统循环配洗时，一般应按试漏、脱脂（如需要）、冲洗、酸洗、中和、钝化、冲洗、干燥、涂油、复位等工序的要求。

F. 酸洗时应保持酸液的浓度及温度。

G. 钢管酸洗、中和及钝化液的配方，当设计无明确规定时，可采用经过鉴定，并经实际使用证明有效和可靠的配方；酸洗钝化液（20％硝酸＋10％氢氟酸＋70％水）配方可使酸洗钝化一次完成，效率大幅提高，其他都可参照前述进行。

H. 酸洗后的管道以目测检查，内壁呈金属光泽为合格。

I. 钢管在酸洗、中和及钝化作业时，操作人员应着专门防护服装，佩戴护目镜、耐酸手套等防护用具。

J. 酸洗、中和和钝化合格后的管道，当不能及时回装和投入运行时，应该及时进行封闭保护；酸洗后的废水、废液，排放前应经处理，并符合国家有关的环保规定，以防止废水、废液污染环境。

2）油、水、气系统管道和调整系统管道使用前，其内壁应按设计要求和标准进行冲洗、检验。设计无要求时，其方案参考下列内容：

A. 水管道冲洗前，应将管道系统内的精度较高的流量孔板、滤网、温度计、止回阀阀芯等拆除，待清洗合格后再重新装配；冲洗时，以系统内可能达到的最大压力和流量进行，直到出口处的水色和透明度与入口处目测一致为合格。

B. 气系统管道的冲洗时，一般采用压缩空气吹洗，压缩空气的流速为 5～10m/s。用一块贴有白纸或白布的板，在气体排出口处放置 3～5min，如纸上未发现脏物和水分即为合格；也可采用流速为 0.8m/s 的清水冲洗，至排出口的水洁净为合格。用水冲洗后，必须用空气将管道吹干才能投入使用。

C. 油系统管道的冲洗时，可用经过压力式滤油机过滤和经油泵打压的油冲洗；也可以油循环的方式进行。循环过程中，每 8h 内宜在温度为 40～70℃ 的范围内反复升降油温

2～3次；冲洗过程所用油要与系统用油的牌号相同。

3）后处理及外观检验要符合下列要求：

A. 酸洗钝化后对钝化表面需采用一定的保护措施，以防护钝化膜的破坏，钝化表面不应接触硬物（包括不锈钢丝和钢丝刷）禁止焊接和打磨等。

B. 酸洗钝化表面应是均匀的银白色，不应有明显的腐蚀痕迹，焊缝及热影响区表面不应有氧化色，不得有颜色不均匀的斑痕。

（5）管道及管件的压力试验。管道的耐压试验，是检查安装好的管道系统能否正常投产运行的主要方法。应在管道埋设完毕在混凝土工程浇筑、埋设回填、砌体砌筑前进行，按照试验性质分为强度耐压试验、严密性试验（渗漏试验）、严密性耐压试验。

1）工地自行加工的承压容器和工作压力在1MPa及以上的管件，应进行强度耐压试验，试验压力为1.5倍额定工作压力，但最低压力不应小于0.4MPa，保持10min，无渗漏及裂纹等异常现象。

2）工地自行加工的无压容器应进行煤油渗漏试验，至少保持4h，应无渗漏现象，容器作完渗漏试验后一般不宜再拆卸。

3）工作压力在1MPa以下的重要部位的阀门，应进行严密性耐压试验。试验压力为1.25倍实际工作压力，保持30min，无渗漏现象。

4）埋设的压力管道及管件，在混凝土浇筑前，应作严密性耐压试验。试验压力为1.25倍实际工作压力，保持30min，无渗漏现象。

5）排水、雨水管道等无压管道应作灌水试验。排水管灌水高度应不低于埋设层地面高度，满水15min的水面下降后，再灌满观察5min，检查管道水面不下降为合格；雨水管灌水高度应不低于埋设管顶部，灌水时间持续1h，以无渗漏为合格；敞口水箱满水试验应以满水试验静止24h，不渗漏为合格。

6）试验过程中发现有泄漏时，应消除缺陷后，重新进行试验。

7）冬季进行试验时，应采取保温防冻措施，试验结束后应放空管道内积水。

3.1.2 水力设备基础安装

水力设备基础安装主要包含各类罐体、水泵、盘型阀、蝴蝶阀、液压操作阀等设备基础及吊、运基础安装。

（1）大型油罐安装前，应先打设基础台。将油罐中心线划到钢筋网或地板上，然后再根据设计高程和方位打设混凝土基础台，按照油罐底部螺孔的实际位置尺寸埋好地脚螺钉或预留螺孔。地脚螺孔的位置尺寸一定要正确，否则二期安装时会造成很大困难。预埋螺栓的丝扣部分要涂上黄油加以保护，以利安装，防止锈蚀或破坏。

（2）当有数个油罐时，要保证各基础台都在同一轴线、同一高程上，误差不得过大，要保证设备安装时有足够的调整范围。

（3）为了各类较大型阀门安装时便于调整位置，通常在阀室内适当的梁柱上埋设吊钩，以挂设临时的起重工具，如链式起重机、滑车等。当部件运至基础墩附近，利用预埋的吊钩和起重工具起吊至基础墩上进行安装，吊钩的数量和型号根据起吊的设备重量计算选型后埋设。

（4）对于阀门伸缩节相连的钢管上，预先留出几节暂不安装，待阀门安装定位后，再正式根据实际空间长度下料安装钢管。对于埋入混凝土的钢管，为了便于调整钢管的焊缝，其外露混凝土部分的长度最好不少于 500mm。

（5）为便于检修时将阀门向伸缩节方向移动，在一期预埋基础螺钉和螺孔间应留有足够距离，其值不应小于法兰之间橡胶盘根的直径。

（6）为保证水力机械设备安装质量，大部分设备是在二期安装及基础回填。但个别设备因设计要求在一期安装时，除了要保证高程、中心及方位数据要求，也同时应检查设备各组合面间隙，用 0.05mm 塞尺检查，不能通过；允许有局部间隙，用 0.10mm 塞尺检查，深度不应超过组合面宽度的 1/3，总长不应超过周长的 20%；组合螺栓及销钉周围不应有间隙。组合缝处安装面错牙一般不超过 0.10mm。

3.1.3 结构件加工及安装

结构件是具有一定形状，并能够承受载荷的实体。如设备的底座、埋板固定件、地脚螺栓、吊钩、支柱、设备外壳等。

结构件应采用机械加工，加工后的物件表面应平整、无明显扭曲；安装时不得跨沉降缝、伸缩缝，就位并经测量检查无误后，应立即进行固定，支垫稳妥，不应松动。采用焊接固定时，不得烧伤结构件的工作面，焊接应牢固，无显著变形和位移；采用支架固定时，支架应具有足够的强度和刚度。结构件安装应符合以下要求：

（1）设备底座安装。

1）设备底座的装配应注意配合标记，X、Y 方向应对正。

2）设备底座基础垫板的埋设，其高程偏差一般不超过 −5～0mm，中心和分布位置偏差一般不大于 10mm，水平偏差一般不大于 1mm/m。

3）在同一直线段上同一类型的设备埋板固定件应横平竖直。各支架的同层横档的埋板应在同一水平面上，高低偏差不大于 5mm。托、吊架的埋板固定件沿设备安装走向左右的偏差不大于 10mm。

4）埋设部件安装后应加固牢靠。基础螺栓、千斤顶、拉紧器、楔子板、基础板等均应点焊固定。埋设部件与混凝土结合面，应无油污和严重锈蚀。

5）楔子板应成对使用，搭接长度在 2/3 以上。对于承受重要部件的楔子板，安装后应用 0.05mm 塞尺检查接触情况，每侧接触长度应大于 70%。

6）设备安装应在基础混凝土强度达到设计值的 70% 后进行。基础板二期混凝土应浇筑密实。

7）设备组合面应光洁无毛刺。合缝间隙用 0.05mm 塞尺检查，不能通过；允许有局部间隙，用 0.10mm 塞尺检查，深度不应超过组合面宽度的 1/3，总长不应超过周长的 20%；组合螺栓及销钉周围不应有间隙。组合缝处安装面错牙一般不超过 0.10mm。

（2）地脚螺栓安装。地脚螺栓的安装，应符合下列要求：

1）检查地脚螺栓安装孔位应正确，孔内壁必须凿毛并清扫干净，形体尺寸符合设计要求。螺孔中心线与基础中心线偏差不大于 10mm；高程和螺栓孔深度符合设计要求；螺栓孔壁的垂直度偏差不大于 $L/200$（L 为地脚螺栓的长度，mm），且小于 10mm。

2）二期混凝土直埋式和套管埋入式地脚螺栓的中心，高程应符合设计要求，其中心偏差不大于 2mm，高程偏差不大于 0～3mm，垂直度偏差应小于 $L/450$（L 为地脚螺栓的长度，mm）。

3）地脚螺栓采用预埋钢筋、在其上焊接螺杆时，应符合以下要求：

A. 预埋钢筋的材质应与地脚螺栓的材质基本一致。

B. 预埋钢筋的断面积应大于螺栓的断面积，且预埋钢筋应垂直。

C. 螺栓与预埋钢筋采用双面焊接时，其焊接长度不应小于 5 倍地脚螺栓的直径；采用单面焊接时，其焊接长度不应小于 10 倍地脚螺栓的直径。

D. 有预紧力要求的连接螺栓，其预应力偏差不超过规定值的 ±10％。制造厂无明确要求时，预紧力不小于设计工作压力的 2 倍，且不超过材料屈服强度的 3/4。

E. 安装细牙连接螺栓时，螺纹应涂润滑剂；连接螺栓应分次均匀紧固；采用热态拧紧的螺栓，紧固后应在室温下抽查 20％ 左右螺栓的预紧度。

F. 对有要求的高强螺栓安装，要对摩擦面进行清理，清除浮锈、毛刺、油污等。安装时，高强螺栓应能自由穿入孔内。遇到不能自由穿入时，应用绞刀修孔，严禁强行敲入。高强螺栓的紧固顺序应由螺栓群中央顺序向外按初预紧—终预紧程序紧固，高强螺栓必须当天终预紧完毕。扭剪型高强螺栓终预紧结束后，应以目测螺栓梅花头拧掉为合格。

G. 各部件安装定位后，应按设计要求钻铰销钉孔并配装销钉。螺栓、螺母、销钉均应按设计要求锁定牢固。

（3）支柱安装。

1）对支柱基础进行复测，包括锚栓的露出长度，锚栓中心线对基准线的位移偏差，锚栓间距，基础标高，对于不合格的进行处理后方可进行吊装。

2）为控制柱子的安装高程，可在支柱上可视的截面上划出 500mm 的位置，以便安装时进行高程的微调、校正。

3）将其底板螺栓孔对准基础锚栓，在此过程中一定要保证柱子的每个预埋地脚都进入到螺栓孔，并且保证柱子垂直下落，螺栓中心线与基础中心线偏差不大于 10mm。

4）当整个柱子基本落到基础上，调整柱子的中心线与基础的定位轴线。中心线的调整主要是通过用水平靠尺（具有测水平和垂直的双重功能）对准基础中心线和柱子四面已分好的中心线，然后再按照图纸要求进行反复调整，中心偏差不应大于 3mm；垂直度偏差不应大于 1mm/m。

5）支柱的高程、轴线和垂直度偏差的调整是相互联系的兼顾的，待所有调整数据都达到图纸及规范要求后，进行支柱底板与预埋钢筋的塞焊工作。

6）待支柱调整完成后拧紧螺栓，进行焊接工作。

3.1.4 其他

水力机械管道及设备的保温是由绝热层和保温层组成，其作用在于减少管内流通介质与外界的热传导，从而达到防止结冻、结露的需要，在国内低温地带使用广泛。绝热层材料主要为：石棉、玻璃棉、泡沫混凝土、矿渣棉、石棉硅藻土、蛭石、软木及泡沫塑料等，作为成品形状的可分为粉粒状、纤维状、毡状及瓦状。保护层材料主要为：石棉水泥壳、沥青油毡、玻璃丝布及棉布等。

（1）绝热层安装。

1）泡沫混凝土瓦及矿渣棉瓦等用于高温管道的填料，可用与水调和的硅藻土或石棉硅藻土浆。

2）镀锌铁丝绑扎时，用直径 1.0～2.0mm，间距为 150～200mm，距离瓦的边缘 50mm。

3）瓦扎完后，瓦之间的间隙用硅藻土浆填充。软木瓦之间应用熔化的沥青搭接，若缝隙过大可用软木条粘上沥青塞入，缝隙填充后，可以提高绝热效果。

4）镀锌铁丝缠绕扎牢时，其外径依绝热外径而定，当外径不大于 500mm 时，直径采用 1.0～1.4mm 的铁丝，绑扎间距为 150～200mm；绝热外径大于 500mm 时，除绑扎铁丝以外，还要包扎直径为 0.8～1.0mm、网眼为 20mm×20mm～30mm×30mm 的六角形铁丝网。横向接缝如有间隙可用矿渣棉或玻璃棉塞满。

5）使用玻璃棉作为绝热材料的，施工人员应做好全身防护，防止飞扬出的纤维伤害人体皮肤。

（2）保护层安装。

1）石棉水泥保护层涂抹时，抹子的胶泥要紧贴绝热层外壁，一头翘起，纵向拖拉。施工顺序为管子下部开始，最后抹上部。

2）石棉水泥保护层施工时，空气气温不应低于 5℃，防止结冻。否则，运转后容易引起开裂而脱落。

3）油毡的横搭接缝应顺管道坡度，纵搭接缝设在管子侧面，缝口朝下。搭接长度为 40～50mm，搭接缝用热沥青粘贴。

4）缠绕材料作保温层，要螺旋形缠裹在绝热层上，布条应紧贴，不应有开裂、皱纹和不平处。搭接量不小于 5mm，每隔 3m 用直径 1mm 的镀锌铁丝绑扎，防止松脱，外侧刷漆。

3.2　金属结构埋件

金属结构埋件主要指预埋于一期、二期混凝土中的、用于金属结构设备安装、运行（转）的钢构件。按照类型、功用不同，可分为以下几种：

（1）门槽埋件：主要用于水工闸门、拦污栅轨道安装定位、固定以及导向。

（2）启闭机埋件：主要用于启闭机基础安装、启闭机定位以及固定。

（3）压力钢管埋件：主要用于压力钢管运输、安装定位以及固定。

（4）闸门控制用电器设备埋件：主要用于电器设备安装、定位以及固定。

（5）接地装置与基础工程埋件：主要用于接地连接、安装以及固定。

上述埋件是水工金属结构、闸门、拦污栅、压力钢管以及电器设备和接地装置安装定位必不可少的组成部分。其安装精度、牢固度决定着后续金结、设备的安装误差以及运行安全，在水工金属结构、设备安装的过程中起着十分关键的作用。

3.2.1　金属结构设备安装通用技术要求

（1）一般要求。

1）安装前应具备的资料：

A. 设备总图、部件总图、重要的零件图等施工安装图纸及安装技术说明书。

B. 设备出厂合格证和技术说明书。

C. 制造验收资料和质量证书。

D. 安装用测量控制点位置图。

2）安装施工组织设计，应能控制门槽的总尺寸、埋件各部位构件的安装尺寸和安装精确度。为设置安装基准线用的基准点应牢固、可靠、便于使用，并应保留到安装验收合格后方能拆除。

3）安装检测必须选用满足精度要求、并经国家批准的计量检定机构检定合格的仪器设备。

（2）设备堆放与保护。

1）设备在安装之前，应分别按不同种类分类堆放，并作出明显标记。

2）所有到货的设备应垫离地面并采取有效的措施，防止设备受潮锈蚀以及油脂和各类有机物的污染。

（3）设备起吊和运输。根据设备总成及零件的不同情况和要求，制定详细的起吊和运输方案，其内容包括采用的起重和运输设备、大件起吊和运输方法以及防止吊运过程中构件变形和设备损坏的保护措施。

（4）安装前的准备。

1）在进行各项设备安装前，应按施工图纸规定的内容，全面检查安装部位的情况，设备、构件以及零部件的完整性和完好性。对发生严重损伤、锈蚀的部位，应重点检查。必要时，应对损伤部位进行全面的外观和无损探伤检查，提出检查、探伤结果报告，对构件（零件）状态进行评估，并以书面形式备案，对重要构件和部件应通过预拼装进行检查。

2）设备安装前，应对提供的设备，按施工图纸和制造厂技术说明书的要求，进行必要的清理和保养。

3）检查埋件埋设部位一期、二期混凝土结合面是否已进行凿毛处理并冲洗干净；预留插筋的位置、数量是否符合施工图纸要求。

（5）焊接。

1）焊工和无损检验人员资格。

A. 从事现场安装焊缝的焊工，必须持有相关部门签发的有效合格证书，焊工中断焊接工作 6 个月以上者，应重新进行考试。

B. 无损检测人员必须持有国家专业部门签发的资格证书，评定焊缝质量应由 2 级或 2 级以上的检测人员担任。

2）焊接材料。

A. 采购到的每批焊接材料均应具有产品质量证明书和使用说明书，到货后进行抽样检验，焊接材料应通过焊接工艺评定及生产性焊接试验后方可采用。

B. 焊接材料的保管和烘烤应符合《水电水利工程钢闸门制造安装及验收规范》（DL/T 5018—2004）第 4.3.6 条的规定。

3）焊接工艺评定。

A. 在进行一类、二类焊缝焊接前，应按《水电水利工程钢闸门制造安装及验收规范》（DL/T 5018—2004）第4.1节规定进行焊接工艺评定。

B. 根据批准的焊接工艺评定报告和DL/T 5018—2004第4.3节的规定编制焊接工艺规程。

C. 非常规不锈钢焊接，必须做焊接工艺评定试验方可实施。

4）焊接质量检验。

A. 所有焊缝均应按DL/T 5018—2004第4.4.1条的规定进行外观检查。

B. 焊缝的无损探伤应按DL/T 5018—2004第4.4.3条至第4.4.7条的规定进行。

C. 焊缝无损探伤的抽查率，除应符合DL/T 5018—2004第4.4.4条的规定外，抽查容易发生缺陷的部位，并应抽查到每个焊工的施焊部位。

5）焊缝缺陷的返修和处理。焊缝缺陷的返修和处理应按DL/T 5018—2004第4.5节的规定进行。

6）消除应力处理。根据设备结构情况，对重要焊缝进行消除应力处理。

（6）螺栓连接。

1）采购的螺栓连接（螺栓、螺母、垫圈）应具有质量证明书或试验报告。

2）螺栓、螺母和垫圈应分类存放，妥善保管，防止锈蚀和损伤。使用高强度螺栓时应做好专用标记，以防与普通螺栓相互混用。

3）钢构件连接用普通螺栓的最终合适紧度为螺栓拧断力矩的50%～60%，并应使所有螺栓拧紧力矩保持均匀。

4）高强度螺栓连接副和摩擦面，在安装前须进行的复验项目应符合以下的规定：

A. 钢构件摩擦面，安装前应复验制造厂所附试件的抗滑移系数，合格后方能使用。抗滑移系数应按《钢结构高强度螺栓连接技术规程》（JGJ 82—2011）的规定进行复验，抗滑移系数值应符合施工图纸要求。

B. 高强度大六角头螺栓连接副，应按出厂批号复验扭矩系数平均值和标准偏差；抗剪型高强度螺栓连接副，应按出厂批号复验紧固轴力平均值和变异系数，复验结果均应符合JGJ 82—2011的规定。

5）高强度螺栓连接副的安装应符合JGJ 82—2011的规定。

6）高强度螺栓连接副安装完毕后，扭矩检查应在螺栓终拧1h以后、24h以前完成。

（7）涂装技术要求。

1）涂装材料。涂装材料由制造承包人随设备一起提供，其品种、性能和颜色应与制造厂所使用的涂装材料一致。

2）表面预处理。

A. 涂装前，应将涂装部位的铁锈、氧化皮、油污、焊渣、灰尘、水分等污物清除干净。闸门和埋件的表面除锈等级应达到DL/T 5018—2004第6.1.3条和第6.1.4条的规定；门架、机架等主要结构件除锈等级应达到《水利水电工程启闭机制造、安装及验收规范》（DL/T 5019—94）第3.5.2条的规定。

B. 涂装开始时，若检查发现钢材表面出现污染或返锈，应重新处理，直到监理人认可为止。

C. 当空气相对湿度超过 85%，钢材表面温度低于露点以上 3℃时，不得进行表面预处理。

3）涂装施工。

A. 经预处理合格的钢材表面应尽快进行涂覆。所有埋件中与混凝土接触面采用无机改性水泥砂浆，干膜厚 300～500μm。涂料涂装的间隔时间可根据环境条件一般不超过 4～8h，各层涂料涂装间隔时间，应在前一道漆膜达到表干后才能涂装下一道涂料，具体间隔时间可按涂料生产厂的规定进行。金属热喷涂宜在尚有余温时，涂装封闭涂料。

B. 涂装施工应在施工环境相对湿度不大于 85%、金属表面温度不低于露点以上 3℃的条件下进行。为此，承包人应采取措施有效地控制施工环境条件，以满足前述环境的条件，确保涂装施工质量。

C. 产品制造时，除按设计要求进行涂装外，应留下运输分块需在现场拼焊的安装焊缝区左右各 100mm，只涂一道 20～30μm 不影响焊接质量的车间底漆，作为临时防锈保护。在现场涂装施工时，应先清除该车间底漆。

D. 应严格按批准的涂装材料和工艺进行涂装作业，涂装的层数、每层厚度、逐层涂装的间隔时间和涂装材料的配方等，均应满足施工图纸、涂料制造厂使用说明书和规范《水电水利工程金属结构设备防腐技术规程》（DL/T 5358—2006）的要求。

E. 涂装时的工作环境与表面预处理要求相同，若涂料制造厂的使用说明书中另有规定时，则应按其要求施工。

F. 涂装的每道工序都必须经过认可后，方可进行下道工序，其质量要求必须达到国家的有关规范和标准及设计要求。

（8）涂装质量检验。

1）承包人应具备涂装（含表面处理）施工质量控制和检测试验所必需的一切仪器设备。

2）涂装前应对表面预处理的质量、清洁度、粗糙度等进行检查，合格后方能进行涂装。

3）承包人应按工序编制涂装施工的各类质量检查鉴证表和施工记录，报监理人审查批准后执行。质量检查监证表和施工记录中还必须包括施工日期、时间、当日当时天气状况（雨、雪、风、阴、晴等）、温度、湿度等环境条件。

4）涂装检验的质量检查监证表和记录，应交监理人签字认可，留作闸门及设备验收资料。

5）漆膜的外观检查、湿膜和干膜厚度测定、附着力和针孔检查应按《水电水利工程金属结构设备防腐技术规程》（DL/T 5358—2006）第 6.3 节和第 6.4 节的要求进行。

3.2.2 金属结构埋件安装专用技术要求

严格按照合同文件、设计文件（图纸）及有关规范、标准执行。

（1）闸门门槽及其他埋件的安装包括主轨、副轨、反轨、侧轨、护角、底槛、门楣、闸门锁锭机构埋件、启闭机机械和电气设备基础埋件等。

（2）安装必须按施工图纸的要求和以下各条款的规定，进行埋件的安装施工。

（3）埋件安装单元的连接，应按照施工详图的要求进行。对采用现场焊接的部位，必须制定相应的工艺措施，并在焊接过程中随时注意观测变形情况，以便及时采取矫正措施。

（4）埋件安装后，应用加固钢筋将其与预埋螺栓或插筋焊牢，以免浇筑二期混凝土时发生位移。但加固的钢筋不允许直接焊在门槽的主要构件上，如：主轨、反轨、侧轨、底槛、门楣等，而只能焊接在这些构件伸出的锚件上，或者焊在不会引起门槽主要构件产生局部变形以及整体变形的次要构件上。

（5）埋件上所有不锈钢材料的焊接接头，必须使用相应的不锈钢焊条进行焊接。

（6）所有的门槽构件的工作面上的连接焊缝，在安装工作完毕，二期混凝土回填后，必须进行仔细打磨，直至平整，其表面光洁度应与焊接的构件相一致。

（7）安装使用的基准线，除了应能控制门槽各部位构件的安装尺寸及精度外，还应能控制门槽的总尺寸及安装精度。

（8）为设备安装基准线用的基准点，应当保留到安装验收合格后才能拆除。

（9）埋件安装完毕后，应对所有的工作表面进行清理，门槽范围内影响闸门安全运行的外露物必须清除干净，并对埋件的最终安装精度进行复测，做好记录。

（10）安装好的门槽，除了主轨道的轨面、水封座的不锈钢表面外，其余外露表面均应按有关施工图纸或制造厂技术说明书的规定，进行防腐处理。

（11）安装尺寸的误差检查，凡施工详图上注有公差要求的尺寸，则按图纸要求测量检查。图纸上没有注明公差要求的尺寸，按照《水利水电工程钢闸门制造安装及验收规范》（DL/T 5018—2004）的要求进行检查。

（12）门槽二期混凝土必须在门槽二期埋件安装检查合格并经签证后方可浇筑。二期混凝土拆模后，应对门槽及埋件进行复测同时清除遗留的钢筋头及污染物，应特别注意门槽一期、二期混凝土超差部分的处理，以免影响闸门的启闭。

（13）二期混凝土浇筑过程中应注意对门槽构件的工作面（特别是止水和主轨的不锈钢工作表面）进行必要的保护，避免碰伤及污物贴附而影响止水及支承摩擦件的正常工作。

3.2.3 平板闸门门槽埋件安装

平板闸门门槽埋件安装工艺流程见图3-1。

（1）埋件安装前准备工作。

1）进行图纸审核，制定施工组织设计、质量保证措施以及安全文明施工条例等技术文件。

2）清点埋件数量，检查埋件构件在运输、存放过程中是否有损伤，检查各构件的安装标记，不属于同一孔的埋件，不安装到一起。

3）检查埋件的几何尺寸，如有超差，制定措施修复后进行安装。

4）检查并清理门槽中的模板等杂物，一期、二期混凝土的结合面全部凿毛。

5）设置控制点线，控制点线由专业测量单位测量设置，测量点线的设置要能满足埋件里程、高程及桩号偏差的控制。

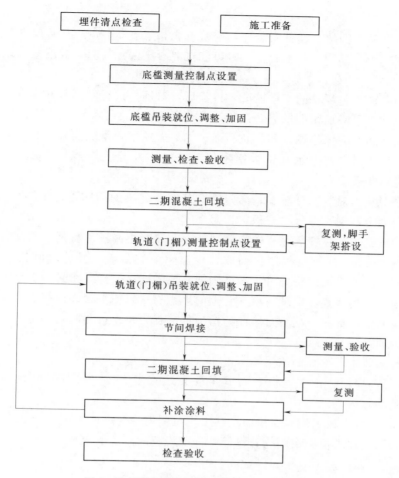

图 3-1　平面闸门门槽埋件安装工艺流程图

6) 安装用各种工器具准备齐全,测量工具经相关部门校验并在有效使用期内。

(2) 埋件运输及吊装。门槽埋件单件重量均较轻,采用载重汽车运输到土建施工机械起吊控制区内,直接吊装,也可将埋件整捆吊至门槽底板,在底板部位布置 3t 卷扬机,用卷扬机通过预埋在混凝土内的吊环起吊安装,或采用混凝土施工时布置的仓面吊吊装。

(3) 埋件就位、调整、加固。底槛预留槽及门槽内设插筋。底槛安装时在插筋上铺设工字钢,或直接在插筋上用调整螺栓就位;门槽轨道待底槛二期混凝土回填后就位在底槛上依次向上安装,用插筋和调整螺栓固定;门楣座在轨道上或在轨道上焊接定位板就位,用插筋和调整螺栓固定。

埋件调整时挂钢线,利用千斤顶、调整螺栓等进行调整,调整后按设计图纸的要求进行加固。加固要牢靠,确保埋件在浇筑二期混凝土过程中不发生变形或移位。安装调整后埋件的允许偏差符合招标文件、设计图纸及规范的规定。

(4) 埋件焊接。埋件焊接前制定焊接工艺,焊接时严格按工艺执行,选用与母材匹配的焊材,焊后按规定进行外观检查及探伤检查。所有焊缝在二期混凝土回填后打磨平整、光滑。

（5）二期混凝土回填。埋件安装完，经检查合格，在5～7天内浇筑二期混凝土。如过期或有碰撞，予以复测，复测合格，方可浇筑混凝土。浇筑时，混凝土均匀下料并采取措施捣实。

（6）复测及清理。埋件的二期混凝土拆模后，对埋件进行复测，并做好记录。同时检查混凝土面尺寸，清除遗留的钢筋和杂物，以免影响闸门的启闭。

（7）节间防腐及面漆涂刷。除主轨轨面、水封座的不锈钢表面外，其余外露表面按招标文件、设计图纸及《水电水利工程钢闸门制造安装及验收规范》（DL/T 5018—2004）的有关条款进行防腐。

（8）门槽保护。对需要分段安装的门槽，在安装完成的门槽顶部安装门槽保护设施，防止钢筋、混凝土、钢管等落物堆积。

门槽保护措施为：在安装完成的门槽顶部一期混凝土内预埋型钢，制作封堵平台，封堵平台用型钢及6mm花纹钢板制作而成，根据门槽的断面尺寸分块制作，其上焊接吊耳，便于安拆。门槽封堵时首先将预埋型钢做必要的连接，然后将封堵平台吊放在预埋型钢上遮盖门槽，定期检查、清理封堵平台上的堆积物。封堵平台随混凝土浇筑进度及门槽安装进度分段向上部拆移，最后封堵在门槽顶部高程，每次拆移时均要将用于支撑封堵平台的预埋型钢割除。

（9）埋件安装主要项目的质量要求。

1）主轨工作表面、止水座板表面节间接头处的错位在工作范围内允许偏差不大于0.5mm，并作缓坡处理；

2）主轨、止水座板工作表面扭曲度在工作范围内，允许偏差不大于0.5mm。

其他安装质量要求按施工图纸、设计文件及规范的有关要求执行。

3.2.4 弧形闸门槽埋件安装

弧形闸门埋件安装工艺流程见图3-2。

埋件吊装后采用在一期混凝土插筋或铁板凳上焊接连接圆钢或连接螺栓进行调整，底槛安装时根据实际情况，制作安装托架，底槛座在托架上调整。除弧门底槛外，侧导板、门楣埋件均经过粗调和精调两道工序，以便保证其与闸门的相对尺寸偏差。

（1）铰座基础螺栓、支撑大梁及铰座安装。

1）铰座基础螺栓安装。在安装基础螺栓时制作基础螺栓架，基础螺栓架为一模具钢板，其上按设计图纸的基础螺栓位置布孔，用以保证铰座基础螺栓安装中心的准确性。弧门支铰安装前检查铰座的基础螺栓中心和设计中心的位置偏差是否满足支铰安装要求。

2）支撑大梁安装：支撑大梁吊装与螺栓连接，按支铰安装偏差推算其安装位置及精度，调整后用花篮螺栓等固定，等支铰安装后再将其与支铰同时调整，使其安装偏差满足支铰的安装精度。

3）铰座安装：铰座安装前先由测量单位设置铰座安装测量控制点线，铰座轴线控制点可设在两边侧墙上，另在门槽底板上设置后视点，测量控制点线的精度能满足铰座安装精度要求。

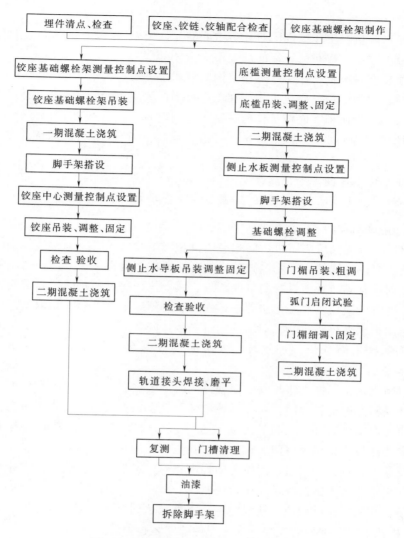

图 3-2 弧形闸门埋件安装工艺流程图

弧门铰座均采用整体吊装法安装。为便于铰座、支臂吊装和调整，在铰座安装位置顶部设吊点、底部设操作平台。

铰座吊至安装位置后，用倒链、拉杆等悬挂在吊点、插筋、支撑梁上调整。

铰座安装时用水平仪、经纬仪等仪器，并辅助用钢板尺、钢卷尺、钢线等进行测量、调整，其安装偏差符合招标文件、施工图纸及规范的要求，检查合格后在活动铰与固定铰的接触面涂黄油，用油毡等覆盖，最后回填二期混凝土，并复测其最终安装偏差。

（2）弧门埋件安装后的公差要求。

1）铰座中心对孔口中心线的距离偏差为±1mm，里程偏差为±1.5mm，高程偏差为1.5mm，两铰座轴线同轴度不大于2mm，铰座轴孔倾斜不大于1/1000。

2）铰轴中心至面板外缘的曲率半径的允许偏差±8mm，且两侧半径的相对差不大于 3mm。

　　3）侧止水座板在工作范围内对孔口中心的允许偏差为-1～+2mm 之间。

　　4）底槛工作面一端对另一端的高差不大于 2mm。

　　5）底槛、水封座板工作面在工作范围内表面不平度不大于 1mm。

　　6）轨道、水封座板、底槛工作面在工作范围内表面组合处的错位不大于 0.5mm。

　　7）轨道、水封座板、底槛工作面在工作范围内表面扭曲不大于 1mm。

　　8）门楣里程允许误差为±1mm，门楣止水座板中心至底槛面的距离允许误差为±1mm。

　　9）侧止水座基面曲率半径允许偏差为±2mm，且其偏差与门叶面板外弧的曲率半径偏差方向一致，侧止水座基面至弧门外弧面间隙公差不大于 2mm。

3.2.5　闸门启闭机埋件

　　闸门启闭机分为液压启闭机、门式启闭机和固定卷扬式启闭机。

　　（1）液压启闭机埋件。采用油缸铰座的二期埋件、电机基座、油箱基座、电控柜二期埋件等安装前按基础布置图设置测量控制点、线，按控制点线及图纸要求安装，验收合格后进行二期混凝土回填，混凝土达到一定强度后复测二期埋件的实际偏差。

　　液压启闭机油缸铰座与其二期埋件同时安装，安装方法与弧门铰座安装方法类同，当混凝土浇筑到预定高程前预埋锚环，安装时构件吊至安装部位，用导链等配合就位、调整。

　　液压启闭机机架、推力座与其二期埋件同时调整安装，安装时二期埋件底部用托架或直接就位在插筋上调整、加固。安装后各项偏差符合招标文件、技术规范的要求。

　　（2）门式启闭机埋件。门机轨道安装在坝顶预留轨道槽内，轨道槽内预埋有轨道插筋，首先安装托板，调平后将门机轨道座在托板上，用水平仪、经纬仪及钢丝线等进行测量，其轨距偏差、直线度误差、两轨道的标高相对差、轨道接头处的侧向错位及高程差等均符合有关规定。轨道边调整边用压板压紧。

　　经测量、验收合格后回填二期混凝土，混凝土达到设计强度后，复测轨道偏差。

　　1）门机轨道梁及埋件的安装。支座埋件的安装必须满足以下要求：

　　A. 支座埋件顶板高程允许偏差不大于 3.0mm。

　　B. 每根梁支座埋件顶板高程相对差（同一端和另一端）不大于 2.0mm。

　　C. 支座埋件顶板的平面度允许偏差不大于 1.0mm。

　　D. 支座埋件中心距（梁的跨度）允许偏差不大于 4.0mm。

　　E. 轨道梁一端的两个支座埋件中心距允许偏差不大于 0.5mm。

　　为严格控制轨顶的安装高程，在支座埋件顶板和支座下摆之间设环氧垫层、环氧垫层的抗压强度应不小于 100MPa，并保证灌注密实。

　　其余埋件的技术要求按埋件安装的一般技术要求执行。

　　2）轨道梁安装技术要求。轨道梁结构要求整体吊装。轨道梁安装前应对轨道的型号、规格、材质、外形尺寸、制造质量及锈蚀情况予以检查，检查合格后方可安装。轨道梁安装应满足下列要求：

　　A. 轨道应与轨道梁上翼缘紧密贴合，间隙应不大于 0.5mm。当局部有大于 0.5mm

间隙，且其长度超过 200mm 时，应加垫板垫实。

  B. 轨道中心线与轨道梁中心线的偏差不大于 2.0mm。

  C. 轨道梁安装后，同跨轨道梁上轨道的轨距偏差不大于 5.0mm。

  D. 在轨道梁支座处，同跨两平行轨道顶面的高程相对差不大于 4.0mm。

  E. 同一根轨道梁上的轨道接头处间隙应不大于 2.0mm。

  F. 轨道接头处的侧向错位应小于 1.0mm，高低错位应小于 1.0mm。

  （3）门式启闭机的轨道安装。

  1）启闭机轨道安装前，应对钢轨的形状尺寸进行检查，发现有超值弯曲、扭曲等变形时，应进行矫正，检查合格后方可安装。

  2）吊装轨道前，应测量和标定轨道的安装基准线。轨道实际中心线与安装基准线的水平位置偏差：当跨度不大于 10m 时，应不超过 2mm；当跨度大于 10m 时，应不超过 3mm。

  3）轨距偏差：当跨度不大于 10m 时，应不超过 ±3mm；当跨度大于 10m 时，不应超过 ±5mm。

  4）同跨两平行轨道在同一截面内的标高相对差：当跨度不大于 10m 时，应不大于 5mm；当跨度大于 10m 时，应不大于 8mm。

  5）两平行轨道的接头位置应错开，其错开距离不应等于前后车轮的轮距。接头用连接板连接时，两轨道接头处左、右偏移和轨面高低差均不大于 1mm，接头间隙不应大于 2mm。

  6）轨道安装符合要求后，应全面复查各螺栓的紧固情况。

  7）轨道两端的挡头应在吊装启闭机前装妥；同跨同端的两个挡头与缓冲器应接触良好，有偏差时应进行调整。

  （4）固定卷扬式启闭机埋件。主要指机座埋件，按控制点线及图纸要求安装二期埋件，验收合格后进行二期混凝土回填，混凝土达到一定强度后复测二期埋件的实际偏差。

3.2.6 压力钢管埋件

  （1）洞内埋管。

  1）施工前的准备。

  A. 压力钢管道安装前，应由主要技术人员进行技术交底，使之熟悉压力钢管的各项技术指标和性能。对参加管道安装的安装工人、起重工人、司机以及安全员内部进行技术交底，使每个参加人员明白自己的责任和管道安装标准及注意事项。

  B. 压力钢管的外观检查，主要包括管口有无碰损。圆度是否符合要求，内外防腐层有无脱落、裂缝现象，管件的几何尺寸等是否符合图纸要求等。对压力钢管安装的资料，交由专人妥善保管，以备检查和竣工验收之用。

  C. 在钢管安装之前必须对所有设备进行检查，所有设备均应满足安全使用标准。

  2）安装方法。钢管安装在加工车间进行加工，然后进行单节加固（整圆或椭圆），再运输至安装现场进行现场安装。现场安装采用汽车或轨道运输方式，压缝采用压缝器或千斤顶配合自制压马，间隙、错台调整合格后进行定位焊，然后进行安装初检验、合格后加固，然后焊接，焊接检验合格后进行整体检验，合格后交土建回填。

3）压力钢管安装程序。压力钢管安装程序见图 3-3。

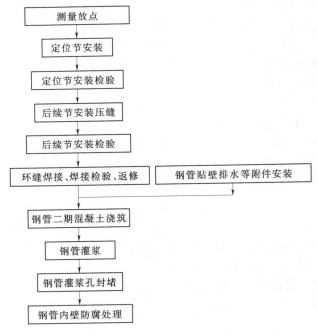

图 3-3　压力钢管安装程序框图

A. 测量放点：在洞基岩面上作出钢管管口的中心线。

B. 将定位节（靠近进水口的钢管）定位钢管运输至安装位置，基本定位后开始调整管节与管道中心线对齐，检查配合标记。调整各管节的腰部高程、管口垂直度等是否符合规范要求。调整完成合格后使用型钢将钢管与预先装设的轨道焊接固定，同时在腰部与设计锚杆焊接拉紧。

C. 钢管和相邻的钢管管口进行压缝，压缝时根据相邻管口的周长值确定压缝时应该留出的错牙值，调整错牙时以钢管内壁为准、沿圆周均匀分配，压缝过程中不应对焊缝进行点焊，用挡板临时固定相对位置，在环缝全部压缝完成后对称点焊固定。

D. 每节钢管在全部调整完毕后填写验收单报监理工程师验收，验收合格后才能进行焊接。

E. 安装钢管贴壁排水等附件。

F. 钢管整体检查，报监理验收。交土建回填二期混凝土。浇筑时派专人监仓。

4）钢管安装焊接。焊接采用多层多道焊，层间接头应错开 30mm 以上，封底焊用 ϕ3.2mm。钢管安装时，要求安装三节后，停下来开始焊接环缝。从大坡口侧施焊至 2/3 时，停下来背缝清根。同时，开始焊接相邻焊缝，同样从大坡口侧焊至 2/3 时，停下来背缝清根。转至原焊缝，将背缝焊满，再将大坡口侧焊满。类似把相邻缝焊完。其他管节以此类推。管节板较薄的缝，也可将大坡口侧一次焊满，清根后，将小坡口侧一次焊满。环缝焊接前，每隔 300～500mm 定位焊，长度约 100mm。定位焊焊在小坡口侧，清根时完全去除，不得进入主缝。

环缝焊接时，根据焊缝长度每条焊缝安排 4～6 名焊工。采用多层多道分段（每段 200～300mm）退步焊法施焊。

（2）坝内埋管。

1）安装方案。明管安装采用场外进行单节拼装，最后吊装。吊装采用汽车吊或其他吊装设备进行，如果现场不具备采用设备吊装，采用滑轨将钢管运输到安装位置进行安装。

2）坝内埋管现场拼焊。

A. 在厂外临时生产区铺设拼装平台，平台大小满足拼装的场地要求，在安装位置设置拼装平台，平台大小满足明管拼装的场地要求。

B. 在平台上根据待拼的管节进口断面的直径划出蜗壳内壁轮廓线和腰部最远点位置点。

C. 吊装安装管节。

D. 调整下口圆度、开口宽度和焊缝间隙等参数，调整完毕点焊焊缝。在埋管外壁标明编号、管口周长，便于安装调整。

E. 下管口内支撑下料、安装、焊接。埋管内支撑焊接位置尽量靠近下管口，但支撑与下管口的距离必须保证在挂装、焊接完成后探伤机对焊缝进行拍片时探伤机能够安装到位。内支撑采用角钢制作，结构为"米"字形。各连接部位设置节点板。

F. 纵缝清扫、加热、焊接。

G. 纵缝焊缝探伤。焊接挂装吊耳等。

3）坝内埋管安装。

A. 测量放点：在混凝土面上作出管口的中心线。

B. 单节吊入机坑，基本定位后焊接蜗壳腰部的永久支撑。调整管节与管节对齐，检查配合标记。调整各管节的腰部高程、最远点半径、管口垂直度等符合规范要求。调整完成后使用型钢将其固定。

C. 和相邻的埋管管口进行压缝，压缝时根据相邻管口的周长值确定压缝时应该留出的错牙值，调整错牙时以蜗壳内壁为准、沿圆周均匀分配，压缝过程中不应对焊缝进行点焊，用挡板临时固定相对位置，在环缝全部压缝完成后对称点焊固定。

D. 凑合节在其附近的环缝焊接完成后安装。

E. 凑合节在配割时按照两侧管口的实测间距为准，并留出约 10mm 的余量，余量在安装时根据实际情况修割，防止配割尺寸不准确而产生较大的纵缝或环缝间隙。凑合节安装时先安装底部的一个瓦片，在压缝、点焊结束后安装腰部的一个瓦片，调整完毕后安装顶部的瓦片。

F. 每节钢管在全部调整完毕后填写验收单报监理工程师验收，验收合格后才能进行焊接。

G. 埋管整体检查，报监理验收。交土建回填二期混凝土，浇筑时派专人监仓。

（3）明管。

1）明管安装工艺流程见图 3-4。

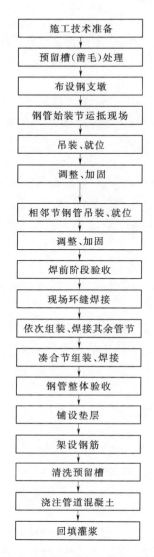

图 3-4 明管安装工艺流程示意图

2）安装准备。压力管道安装施工准备主要包括：技术准备和设备安装前的施工场地准备，以及一期预埋加固钢筋。其中技术准备主要包括提交各类技术文件并进行技术交底，然后向监理申请开工令。施工场地准备主要包括气、水、电源的合理布设。施工用电采取靠近安装点位置的变压器进行搭火，自制空开盘柜进行二次控制。施工用气采用 6m³ 空压机进行供气，施工用水主要利用现场的水管网。

根据钢管安装的位置，按压力钢管安装加固图预埋安装时加固用的插筋。

根据钢管安装的位置，布置钢支墩。在钢管安装时，钢支墩承受钢管自重，要求有足够的强度和稳定性。

3）安装基准控制点、线的测放。为了在钢管安装时控制方便，在每节管口下部中心点和左右两腰中心点的投影点位置，都设置控制样点，用吊线锤来控制压力钢管的安装几何位置，另外还设立高程水准控制点来控制钢管的高程。

根据设计图纸，采用全站仪放置钢管安装时用的里程、中心、高程等控制样点，并经监理人检查认可。所有测量仪器必须达到测量规范要求并经国家认可的检测部门校正。

样点位置预埋金属块，并保证金属块的牢固性，然后在其表面用钢针划出明显线条，交点打上样冲，样冲直径不超过 0.5mm。为设置安装基准线用的基准点必须按永久观测点设置和保护，并定期复测。

4）定位节的安装。钢管安装分两个定位节进行安装。由定位节开始按照顺序，逐节进行安装。

钢管安装的要点是控制管口中心、高程和环缝间隙。安装时，先进行中心的调整，用千斤顶调整钢管，用吊线锤进行监控，使钢管口的下中心点和两腰点的投影点对准预埋的控制点，并将钢管调整到要求的高程。合格后在钢管与支墩间隙之间打入锲形铁，重新检测和调整中心、高程、里程，这样反复数次，直到满足安装设计要求后进行加固。加固完后再次进行中心、高程、里程的检测，并做好记录。钢管定位节的安装质量的控制好坏，直接影响到其余管节安装的质量，必须严格控制安装位置。

5）其余管节的组装。定位节安装加固合格后，进行第二管节的安装，采用千斤顶调整管节，使管节的上、下游管口中心、里程、高程符合安装设计要求后，进行压缝。钢管压缝方法斜铁码子进行压缝，压缝时应尽可能少在钢管上焊接临时支撑和码子，并注意控制钢管错牙和环缝间隙。

当钢管调整后，检查钢管的焊缝错边情况、轴线偏差、钢管圆度、管口的中心偏差和里程偏差。当所有项目均满足要求后进行环缝的焊接。

6）凑合节的安装。凑合节安装方法为：根据实际测量两节安装钢管之间的间隙，现场对凑合节瓦块配割，主要安装步骤见下：

第一，测量凑合节位置的实际距离及凑合节各瓦块的弧长和宽度等尺寸。

第二，在钢管上焊接卡板，将瓦块吊到预定位置。

第三，将瓦块坡口加工边与已装钢管对齐，根据已装钢管划出凑合节的切割位置线。

第四，用磁力半自动切割机沿切割位置线外偏约 1.5mm 处小心地切割凑合节多余部分，尽量保证切割后焊缝间隙不大于 3mm。

第五，用磁力半自动切割机，按要求切割凑合节坡口。

第六，用压码和千斤顶调整错牙，以内边对齐为准，最大错牙不超过 4mm。

第七，点焊凑合节各焊缝。焊接前进行错边量的检查，纵缝错边量不大于 2mm，合拢缝坡口间隙不大于 3mm，合拢缝若需要堆焊时，堆焊前的间隙不应大于 5mm。焊接过程中应加强监测，保证焊接变形符合设计要求，最后按照规范要求对焊缝进行无损检测和焊缝返修。

3.3　电气埋件

3.3.1　埋件种类

（1）按电气埋件的工程种类可分为：供电工程、控制及拖动工程、照明工程、通信工程和接地工程等。

（2）按电气埋件所使用的材料可分为：电缆管、预埋件（包括铁板凳、锚钩、拉锚等）、接地装置（接地线、接地体）等。

3.3.2 埋件常用材料

（1）电缆管。

1）目前使用较多的电缆管的种类有：钢管、铸铁管、硬质聚氯乙烯管、陶土管、混凝土管、石棉水泥管等。其中铸铁管、陶土管、混凝土管、石棉水泥管用作排管、有些供电部门也采用硬质聚氯乙烯管作为短距离的排管。

2）水电站一般采用的电缆管为钢管，钢管又主要分为普通钢管和镀锌水煤气管，因为镀锌水煤气管在防腐方面的优点，已在工程施工中的到越来越广泛的应用。

3）近年来在水电站电缆埋管的设计中，开始采用普利卡金属套管作为电缆预埋管。相比其他电缆管，普利卡管具有重量轻、耐水耐腐、绝缘、阻燃隔热、防爆防尘、屏蔽性好、施工简便等优点，但其强度较低。因此，只有在直径较小的电缆埋管中采用，在城市建设工程中，相对运用的较为广泛。

（2）预埋件。水电站采用的预埋件（铁板凳、锚钩、吊耳等）主要用各种钢材（圆钢、钢板、槽钢、工字钢等）根据设计图纸制作而成；在部分电气设备安装中，也采用一些成品埋件，如照明工程中的铁质或硬塑料接线盒等。

（3）接地装置。

1）接地装置由接地体和接地线两部分组成。埋入地下直接入大地接触的金属导体，叫做接地体（或接地极）；将电气设备的接地部位与接地体连接的金属导体，称为接地线。接地体和接地线的总和，称为接地装置。

2）接地装置一般采用钢材，常用的为圆钢和镀锌扁钢；水电站、110kV以上变电所一般采用热镀锌扁钢作为接地装置的主要材料，能有效的增大接地截面，减小接地电阻值。接地装置的导体截面积不应小于表3-4所列规格。

表3-4　　　　　　　　　　　钢接地体和接地线的最小规格表

种类、规格及单位		地　　上		地　　下	
		室内	室外	交流电流回路	直流电流回路
圆钢直径/mm		6	8	10	12
扁钢	截面/mm²	60	100	100	100
	厚度/mm	3	4	4	6
角钢厚度/mm		2	2.5	4	6
钢管管壁厚度/mm		2.5	2.5	3.5	4.5

注　电力线路杆塔的接地体引出线的截面不应小于50mm²，引出线应镀锌。

3.3.3 埋件安装方法

（1）电缆管的制作与安装。

1）管口应无毛刺和尖锐棱角，防止在穿电缆时划伤电缆；管口宜做成喇叭形，以减少直埋电缆管在沉陷时管口处对电缆的剪切力。

2）电缆管弯制宜在弯管机上进行，为防止管壁局部损坏，加工时可将管内充满砂子或其他防止凹陷及产生裂纹的措施。电缆管弯制后，不应有裂缝和显著的凹瘪现象，其弯扁程度不宜大于管子外径的10％；电缆管的弯曲半径不应小于所出入电缆的最小允许弯曲半径，或不小于管子外径的6倍。

3）电缆管采用镀锌水煤气管时，管路连接时应采用圆锥管螺纹或套管焊接连接，连接处管内表面应平整、光滑。丝扣连接，管端套丝长度不应小于管接头长度的1/2，在管接头两端应焊跨地线。

4）电缆管连接采用外径稍大、长度不小于其外径2.2倍的套管焊接，两管口内壁应平滑，不宜采用对接焊，以免管内壁焊缝毛刺割伤电缆。

5）硬质塑料管在套接或插接时，其插入深度宜为管子内径的1～1.8倍。在插接面上应涂以胶合剂黏牢密封；采用套接时套管两端应封焊，以保证连接牢固可靠，密封良好。

6）照明管路通过混凝土沉降缝和伸缩缝时应作补偿处理。如施工图纸未规定，应将管道在距建筑缝250mm处断开，并在断开的两端套一段内径不小于埋设管道外径2倍的钢套管。在套管与埋设管道接缝处，应缠以麻丝并充填沥青，套管与埋设管道套接长度应为100mm。

7）为防止混凝土等流入管内堵塞管路，以及管口的损坏和锈蚀，预埋管管口应加管帽保护，并应有明显的标记。

8）管路安装就位后，应固定牢固，防止混凝土浇筑和回填时发生变形或位移。焊接钢管支撑时，应注意不要烧伤管道壁。

9）暗配电线管路宜沿最近的路线敷设，并应减少弯曲。埋入墙或混凝土内的管子，离表面的净距不应小于15mm。

10）敷设混凝土、陶土、石棉水泥管等电缆管时，其地基应坚实、平整，不应有沉陷。电缆管的敷设应符合下列要求：

A. 电缆管的埋设深度不应小于0.7m；在人行道下面敷设时不应小于0.5m。

B. 电缆管应有不小于0.1％的排水坡度。

C. 电缆管连接时，管孔应对准，接缝应严实，不应有地下水和泥浆渗入。

11）在电缆管超过下列长度时，中间应加装接线盒，其位置应便于穿线。

A. 管子长度每超过45m，无弯曲时。

B. 管子长度每超过30m，有一个弯时。

C. 管子长度每超过20m，有二个弯时。

D. 管子长度超过12m，有三个弯时。

12）金属电缆管应在外表涂防腐漆或涂沥青漆，镀锌管锌层剥落处也应涂防腐漆。

13）利用电缆的保护钢管作接地线时，应先焊好接地线；在有螺纹的管接头处，应用跳线焊接，再敷设电缆，避免焊接接地线时烧坏电缆，并保证接地的可靠性。

14）电缆管安装应横平竖直，间距一致，排管排列整齐，弯管弯度一致，固定牢固，附件齐全，接地可靠。管口预留高度应符合设计要求，如管口过长应进行修割，管口切割完毕后需打磨光滑，不得有毛刺存在。电缆管切割应使用金属锯进行，不应使用电焊或焊炬。

15）引至设备的电缆管管口位置，应便于与设备连接且不妨碍设备的进出、拆装和检修；并列的电缆管管口排列整齐。

16）电缆管管口引出与保护：电缆管内穿以直径不小于 2mm 的镀锌铁丝，在电缆管终端引出口挂设标签，标签上注明该电缆管的名称和起讫处，以便后续的电缆敷设，电缆管管口采用 2mm 厚钢板点焊封堵。

（2）预埋件的制作与安装。

1）铁板凳、锚钩、吊耳应按照设计图纸进行下料、弯制。铁板凳的锚筋与钢板之间应焊接牢固，除图纸上有特别的注明外，焊接截面积应不小于 6 倍的锚筋截面积，焊缝应无裂纹等缺陷。铁板凳焊接后，应清除钢板及焊缝表面的焊渣、焊皮、飞贱物、油渍等。

2）用于铁板凳的钢板必须是整块的材料，不允许用两块钢板拼合而成。

3）用于制作锚钩、吊耳的钢筋，必须是整根的材料，不允许用两段钢筋拼焊而成。

4）拉锚的制作应按设计施工图纸的要求制作，钢筋弯曲后不得有裂纹和受损，锚筋与拉环的焊接应牢固，除在图纸上特别注明外，焊缝截面不应小于 6 倍锚筋。拉锚预埋时，锚筋应与土建结构混凝土钢筋牢固焊接。

5）埋设前，应将埋件与混凝土接触的表面上的浮锈、浮皮、油渍或油漆等清除干净。

6）埋件在覆盖前均应加固牢靠。埋入的基础板、铁板凳、锚钩等均应可靠地固定，并搭焊到混凝土钢筋上。

7）预埋件的规格、数量、位置及埋入深度均应符合设计图纸的要求。

8）基础板的埋设，其高程偏差应不超过 5mm，中心和分布位置的偏差应不大于 10mm，水平偏差应不大于 1mm/m。

9）铁板凳的表面应与混凝土表面平齐，不允许出现凸出或凹入混凝土表面的现象。在埋设中，应采取可靠的措施，使铁板凳、测压头的表面与钢模板面紧贴。

10）基础板及埋入设备基础下的混凝土应浇筑密实，并在浇筑混凝土后按设计要求或监理工程师的要求进行灌浆处理，且应在混凝土基础的强度达到设计强度的 70% 后，才能进行其他设备的安装或承重。

11）每个埋设件均应按要求进行标记，在施工期间应保护埋设件不受到损坏。

12）当设计图纸要求铁板凳及接地扁铁水平或垂直呈直线排列时，铁板凳及接地扁铁的中心线，与设计图纸所标明的水平或垂直标注线的实际偏差不应大于 5mm/m，最大累计偏差不应大于 25mm，其暴露面不应有混凝土覆盖。

13）插筋应按设计图纸所标注的位置、规格、数量埋设，在埋设完毕后应及时复核检查，保证满足设计图纸所提出的精度要求。

（3）接地装置的制作与安装。

1）接地体的制作与安装。

A. 接地体分为自然接地体和人工接地体。自然接地体是利用与大地有可靠连接的建（构）筑物的钢结构和钢筋，行车的轨道，上、下水的金属管道和其他工业用的金属管道（可燃液体和可燃可爆气体的管道除外）等作为接地体。利用自然接地体时，一定好保证有良好的电气连接，利用自然接地体可节约材料，降低接地电阻，节省施工费用。

人工接地体是利用钢材（钢管、角钢、圆钢和扁钢）埋入地下而成，有垂直埋设的棒形接地体和水平埋设的带形接地体两种基本结构形式见图3-5。

B. 水平安装的接地体一般较少应用，通常只用于土层浅薄的地方。安装时挖沟填埋，应尽量选择土层较厚的地方埋设，地沟要挖的平直、深浅一致。接地体埋入土壤的深度应大于0.6m。覆土时，接地体周围的土壤要随时夯实，回填土中不应夹有石块、建筑材料或垃圾等，以保证接地体和土壤之间有良好的接触。通常采用40mm×4mm的扁钢或直径16mm的圆钢制作。

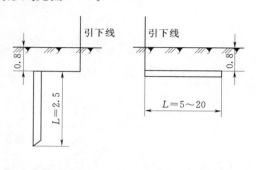

（a）棒形接地体　　　　（b）带形接地体

图3-5　人工接地体示意图（单位：m）

C. 垂直埋设的棒形接地体，是利用钢管、角钢、圆钢制作，主要是用钢管和角钢制作。制作时先将钢管（或角钢）截成一定的长度（一般为2.5m），用锤击打入地下。用作接地体的钢材，不应有严重的锈蚀，弯曲的材料需经校直后方可使用，用来制作接地极的钢材应该进行热镀锌防腐处理。

D. 垂直安装的棒形接地体，其下端应加工成尖形。用角钢制作的，其尖点应在角钢的角脊线上，而且两个斜边应该对称；用钢管制作的，要单边斜削，保持一个尖点。

E. 垂直安装的棒形接地体，安装时通常是采用打桩法打入地下，接地体应与地面垂直，不可歪斜。否则，不但打入困难，而且不易打直，接地体和土壤之间会产生缝隙，造成接地不良，增加接地电阻。

F. 人工接地体埋入地下的深度应不小于2m，在特殊场所安装接地体时，如果深度不到2m时，应在接地体周围放置食盐、木炭等，并加水，用以降低接触电阻。

G. 当有多根接地体时，接地体之间会产生屏蔽作用，由于屏蔽作用会使接地装置的利用率下降。因此，为减少相邻接地体之间的屏蔽作用，垂直接地体的间距不小于接地体长度的2倍。例如：接地体长度为2.5m，其间距不宜小于5m。水平接地体的间距，应按设计规定，但也不应小于5m。

H. 把接地体打入地下之后，在其周围用土回填并夯实，以减少接地电阻。若接地体与接地线在地下面相连，要先将接地体与接地线用焊接法接好后再覆土并夯实。为减小自然因素对接地电阻的影响，接地体上端埋入深度一般不小于600mm，并在冻土层以下。

2）接地线的制作与安装。

A. 接地线是统称，在具体的接地线路上，它又有接地线、接地干线和接地直线之分。接地线是接地干线和接地直线的统称，如果仅用一副接地装置而不存在接地支线时，至接地体与设备接地点之间的连接线，称为接地线见图3-6（b）；接地干线是接地体和接地体之间的连接导线见图3-6（a）、（c）。

B. 接地线的连接应采用焊接，焊接必须牢固无虚焊。连接应采用搭接焊，其焊接长

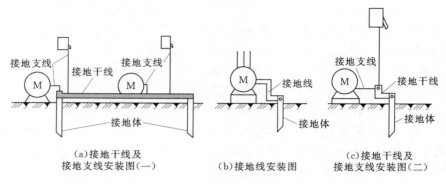

（a）接地干线及 　　　　　（b）接地线安装图 　　　（c）接地干线及
接地支线安装图（一） 　　　　　　　　　　　　　　接地支线安装图（二）

图 3-6　接地线安装图

度：扁钢与扁钢相连时，为扁钢宽带的 2 倍。而且至少焊接 3 个棱边；圆钢和圆钢相连时，连接长度为圆钢直径的 6 倍；圆钢和扁钢相连时，其长度为圆钢直径的 6 倍；扁钢与钢管、扁钢与角钢焊接时，为了连接可靠，除应在其接触部位两侧进行焊接外，并应焊以由钢带完成的弧形（或直角形）卡子或直接由钢带本身完成弧形（或直角形）与钢管（或角钢）焊接。

C. 有色金属接地线不能采用焊接时，可用螺栓连接，但螺栓连接的接触面应做表面处理（如搪锡等），螺栓两侧都应有垫圈，螺母层应装有弹簧垫圈或锁紧螺母。

D. 接地体引出线的垂直部分和接地装置焊接部位应做防腐处理；在作防腐处理之前，表面必须除锈并去掉焊接处残留的焊药。

E. 接地线应防止发生机械损伤和化学腐蚀。在与公路、铁路或管道等交叉及其他可能使接地线受损伤处，均应用管子或角钢等加以保护。接地线在穿越墙壁、楼板和地坪处应加装钢管或其他坚固的保护套，在有化学腐蚀的部位还应采取防腐措施。

F. 接至电气设备上的接地支线应用螺栓连接，每一个设备接地点必须用一根接地支线与接地干线单独连接。切不可用一根接地支线把几个设备接地点串接在一起，也不可把几根接地支线并接在接地干线的一个接地点上。

G. 接地线过伸缩缝时，必须按设计要求设置过缝伸缩节，并采取保护措施。

3）接地降阻剂的使用。水电站、输电杆塔以及其他一些建筑设施，一般设置在山区、滩地、峡谷等远离市区的高土壤电阻率地区，周围不易找到可以扩展利用的低土壤电阻率的平地。造成接地电阻值较大，不能满足设计和实际使用的要求。

这种情况非一般常规技术措施、设计所能达到的，接地装置采用接地降阻剂则是有效的措施。随着工业的发展，接地降阻剂也随之不断的改进。目前，在水电站等建筑设施的接地工程中已得到广泛的应用。

3.4　混凝土施工中埋件的看护

（1）由于预埋件是随着土建施工进行的，土建和安装工作要密切配合，尽量减少相互干扰。

（2）预埋部位浇筑混凝土时，不得损伤、移动预埋件，电缆管和接地线的端头露出混凝土外边。电缆管、电线管管口要封好，防止混凝土堵孔。

（3）埋件安装与加强与土建施工干扰的部位协调力度，不允许随便割除机电埋件或土建钢筋、模板等。

（4）土建单位施工不得利用电气埋件作为搭接受力点。

4 质 量 控 制

4.1 钢筋

4.1.1 原材料质量控制

（1）钢筋应平直、无损伤，表面不得有裂纹、油污、颗粒状或片状老锈。

（2）钢筋进场时，应按《钢筋混凝土用钢　第1部分：热轧光圆钢筋（附第1号修改单）》（GB 1499.1—2008）、《钢筋混凝土用钢　第2部分：热轧带肋钢筋》（GB 1499.2—2007）、《钢筋混凝土用钢　第3部分：钢筋焊接网》（GB/T 1499.3—2010）、《钢筋混凝土用钢材试验方法》（GB/T 28900—2012）等的规定抽取试件作力学性能检验，其质量必须符合有关标准的规定。

对有抗震设防要求的框架结构，其纵向受力钢筋的强度应满足设计要求；设计无具体要求时，对一级、二级震等级，检验所得的强度实测值应符合下列规定：

1）钢筋的抗拉强度实测值与屈服强度实测值的比值不应小于1.25。

2）钢筋的屈服强度实测值与强度标准的比值不应大于1.3。

3）当发现钢筋脆断、焊接性能不良或力学性能显著不正常等现象时，应对该批钢筋进行化学成分检验或其他专项检验。

4.1.2 钢筋加工质量控制

（1）一般控制项目。

1）钢筋调直宜采用机械方法，也可采用冷拉方法。当采用冷拉方法调直钢筋时，HPB235级钢筋的冷拉率不宜大于4%，HRB335级、HRB400级和RRB400级钢筋的冷拉率不宜大于1%。

2）钢筋加工的形状、尺寸应符合设计要求，其偏差应符合表4-1的规定。

表 4-1　　　　　　　　　　　钢筋加工的允许偏差表

项　目	允许偏差/mm
受力钢筋顺长度方向全长的净尺寸	±10
弯起钢筋的弯折位置	±20
箍筋内净尺寸	±5

（2）主控项目。

1）受力钢筋的弯钩和弯折应符合下列规定：

A. HPB235 级钢筋末端应作 180°弯钩，其弯弧内直径不应小于钢筋直径的 2.5 倍，弯钩的弯后平直部分长度不应小于钢筋直径的 3 倍；

B. 当设计要求钢筋末端需作 135°弯钩时，HRB335 级、HRB400 级钢筋的弯弧的弯后平直部分长度应符合设计要求。

C. 钢筋作不大于 90°的弯折时，弯折处的弯弧内直径不应小于钢筋直径的 5 倍。

2）除焊接封闭环式箍筋外，箍筋的末端应作弯钩，弯钩形式应符合设计要求；当设计无具体要求时，应符合下列规定。

A. 箍筋弯钩的弯弧内直径除应满足相关规范外，尚应不小于受力钢筋直径。

B. 箍筋弯钩的弯折角度：对一般结构，不应小于 90°；对有抗震等要求的结构，应为 135°。

C. 箍筋弯后平直部分长度：对一般结构，不宜小于箍筋直径的 5 倍；对有抗震等要求的结构，不应小于箍筋直径的 10 倍。

3）钢筋剪断尺寸。

A. 确定应剪断的尺寸后拧紧定尺卡板的禁锢螺栓。

B. 调整固定刀片与冲切刀片间的水平间隙，对冲切刀片做往复水平动作的剪断机，间隙以 0.5～1mm 合适。

4.1.3　钢筋安装质量控制

（1）钢筋安装一般要求。

1）钢筋安装前根据设计图纸要求进行测量放样，钢筋预留保护层厚度满足设计规范要求。

2）钢筋的级别、直径、根数、间距等应符合设计的规定。

3）对多层多排钢筋，宜根据安装需要在其间隔处设立一定数量的架立钢筋或短钢筋，架立钢筋或短钢筋的端头不得伸入混凝土保护层内。

4）当钢筋过密影响到混凝土浇筑质量时，应及时与设计人员协调解决。

5）钢筋的连接宜采用焊接接头或机械连接接头。绑扎接头仅当钢筋构造复杂施工困难时方可采用，绑扎接头钢筋直径不宜大于 28mm，对轴心受压和偏心受压构件中的受压钢筋可不大于 32mm；轴心受拉和小偏心受拉构件不应采用绑扎接头。

（2）主要控制项目。

1）钢筋安装时，受力钢筋的品种、级别、规格和数量必须符合设计要求。

2）纵向受力钢筋的连接方式应符合设计要求。

3）在施工现场，应按《钢筋机械连接技术规程》（JGJ 107—2010）、《钢筋焊接及验收规程》（JGJ 18—2012）的规定抽取钢筋机械连接接头、焊接接头试件作力学性能检验，其质量应符合有关规程的规定。

（3）质量控制要求。

1）受力钢筋的连接接头应设置在内力较小处，并应错开布置。对焊接接头和机械连接接头，在接头长度区段内，同一根钢筋不得有两个接头；对绑扎接头，两接头间的距离应不小于 1.3 倍搭接长度。配置在接头长度区段内的受力钢筋，其接头的截面面积占总截面面积的百分率，应符合表 4-2 的规定。

表 4 - 2	接头长度区段内受力钢筋接头面积的最大百分率		
接 头 形 式	接头面积最大百分率/%		
	受 拉 区		受 压 区
主钢筋绑扎接头	25		50
主钢筋焊接接头	50		不限制

注 1. 焊接接头长度区段内是指 35d（d 为钢筋直径）长度范围内，但不得小于 500mm，绑扎接头长度区段内是指 1.3 倍搭接长度。

2. 在同一根钢筋上宜少设接头。

3. 装配式构件连接处的受力钢筋焊接接头可不受此限制。

4. 绑扎接头中钢筋的横向净距不应小于钢筋直径且不应小于 25mm。

5. 直接承受动力荷载的结构构件中，不宜有采用焊接接头；当采用机械连接接头时，不应大于 50%。

2）当受力钢筋采用机械连接接头或焊接接头时，设置在同一构件内的接头宜相互错开。

3）钢筋的焊接接头宜采用闪光对焊，或采用电弧焊、电渣压力焊或气压焊，但电渣压力焊仅可用于竖向钢筋的连接，不得用作水平钢筋和斜筋的连接。钢筋焊接的接头形式、焊接方法和焊接材料应符合《钢筋焊接及验收规程》（JGJ 18—2012）的规定。还应满足下列要求：

A. 每批钢筋焊接前，应先选定焊接工艺和焊接参数，按实际条件进行试焊，并检验接头外观质量及规定的力学性能，试焊质量经检验合格后方可正式施焊。焊接时，对施焊场地应有适当的防风、雨、雪、严寒的设置。

B. 电弧焊宜采用双面焊缝，仅在双面焊时无法施焊时，方可采用单面焊缝。采用搭接电弧焊时，两钢筋搭接端部应预先折向一侧，两接合钢筋的轴线应保持一致；采用帮条电弧焊时，帮条应采用与主筋相同的钢筋，其总截面面积不应小于被焊接钢筋的截面面积。电弧焊接头的焊缝长度，对双面焊不应小于 $5d$，单面焊缝不应小于 $10d$（d 为钢筋直径）。电弧焊接头与钢筋弯曲处的距离不应小于 $10d$，且不宜位于构件的最大弯矩处。

4）钢筋的机械连接宜采用镦粗直螺纹、滚轧直螺纹或套筒挤压连接接头。镦粗直螺纹和滚轧直螺纹连接接头适用于直径大于或等于 25mm 的 HRB335、HRB400 热轧带肋钢筋；套筒挤压连接接头适用于直径 16～40mm 的 HRB335、HRB400 级热轧带肋钢筋。各类接头的性能均应符合现行行业标准《钢筋机械连接技术规程》（JGJ 107—2010）的规定，并应符合下列规定：

A. 钢筋机械连接接头的等级应选用Ⅰ级或Ⅱ级，接头的性能指标应符合《钢筋机械连接技术规程》（JGJ 107—2010）的规定。

B. 钢筋机械连接接头的材料、制作、安装施工及质量检验和验收，应符合《钢筋机械连接用套筒》（JG/T 163—2013）、《钢筋机械连接技术规程》（JGJ 107—2010）的规定。

C. 钢筋机械连接件的最小混凝土保护层厚度，应符合设计受力主钢筋混凝与保护层厚度的规定，且不应小于 20mm；连接件之间或连接件与钢筋之间的横向净距不宜小于 25mm。

5）钢筋的绑扎接头应符合下列规定：

A. 绑扎接头的末端距钢筋弯折处的距离，不应小于钢筋直径的 10 倍，接头不宜位于构件的最大弯矩处。

B. 受拉钢筋绑扎接头的搭接长度，应符合表 4-3 的规定；受压钢筋绑扎接头的搭接长度，应取受拉钢筋绑扎接头搭接长度的 0.7 倍。

表 4-3　　　　　　　　　　受拉钢筋绑扎接头的搭接长度表

钢筋类型	混凝土强度等级		
	C20	C25	>C25
HPB335	35d	30d	25d
HPB235	45d	40d	35d
HPB235、RRB400	—	50d	45d

注　1. 当带肋钢筋直径 $d>25$mm 时，其受拉钢筋的搭接长度应按表中值增加 5d 采用；当带肋钢筋直径 $d\leqslant25$mm 时，其受拉钢筋的搭接长度按表中值减少 5d 采用。
　　2. 当混凝土在凝固过程中受力钢筋易受扰动时，其搭接长度应增加 5d。
　　3. 在任何情况下，纵向受拉钢筋的搭接长度均不应小于 300mm，受压钢筋的搭接长度均不应小于 200mm。
　　4. 两根不同直径的钢筋的搭接长度，以较细的钢筋直径计算。

C. 受拉区内 HPB235 钢筋绑扎接头的末端应做弯钩；HRB335、HRB400、RRB400 钢筋的绑扎接头末端可不做弯钩；直径不大于 12mm 的受压 HPB235 钢筋的末端可不做弯钩，但搭接长度应不小于钢筋直径的 30 倍。钢筋搭接处，应在其中心和两端用铁丝扎牢。

4.2　土建预埋件

4.2.1　坝体排水管施工质量控制

（1）排水管（孔）施工容易混淆、遗漏，要求统一编号并做好原始记录，安装过程中应详细做好相应的施工记录，施工过程中定期进行原材料的质量检验、安装铺设质量的检查和验收。

（2）严格控制拔管的安装偏差，避免出现坡度的突变。

（3）排水孔钻孔施工应在坝体混凝土达到设计要求强度后进行，排水孔的允许偏差按设计要求控制，当设计未作规定时，应按表 4-4 的规定控制。

表 4-4　　　　　　　　　　排水孔钻孔偏差控制表

分　项	孔口位置 /cm	孔的倾斜度/%		孔的深度偏差/%
		孔深大于 8m	孔深小于 8m	
允许偏差	10	1	2	±0.5

（4）施工期间防止仓面冲洗、冲毛及施工杂物落入排水管，封盖前必须检查。如出现堵孔，可采取通高压水或进行高压水、气疏通；堵孔严重采取钻机钻孔进行疏通处理。

（5）坝体排水孔（管）成孔时，应做好管段接头的密封，施工中应有专人维护，不得淤堵、碰撞；成孔后应做好孔口保护，防止污水、污物等进入孔内，孔口装置应按设计要求加工、安装，并进行防锈处理，孔口装置连接件应安装牢固。

（6）无砂混凝土黏结力很差，采用预制无砂混凝土管时，施工时模板必须在原位保持到混凝土达到足够强度，即材料都固结在一起时，才能拆除，要注意加强湿养护，采用加压闭模蒸养较佳，管身应达到设计强度后才能安装。

（7）塑料排水盲管在浇筑期间应有专人检查固定钢筋稳固情况，避免漏振、过振和埋管偏位和上浮现象的发生，且一次浇筑振捣成型。

（8）若发现拔管有较大的偏差时应分多层进行调整，禁止一次调整到位。

（9）坝体排水孔采用拔管法造孔时拔管时间由试验确定。掌握混凝土的初凝时间和旋转钢拔管确保钢拔管能顺利提升。第一层混凝土下料振捣完毕之后，不能立即旋转钢拔管，以免使钢拔管倾斜偏离设计位置和钢拔管底部往坝体排水孔内进浆。本仓混凝土的最底部一层混凝土接近初凝状态时，进行初始拔管。如果拔管太早，会导致坝体排水孔内流入混凝土浆，甚至会发生塌孔情况。间隔 1～2h 必须旋转一次钢拔管。

（10）碾压混凝土施工时，拔管在平仓、碾压时容易单向推移倾斜，纠偏困难，造成堵塞，成孔率很低，尽可能采取后期钻孔施工。

（11）坝体排水无砂管和塑料盲管，必须进行强度与渗透性能检测，符合设计要求方可进场。

（12）浇筑层达 3～5m，浇筑层拔管或埋管完成后，应进行通水试验检查，发现堵管情况及时进行处理，以保障其实施效果。

4.2.2 坝基岩面排水管施工质量控制

（1）盲管易受外界因素影响老化，长期储存时应外包装牢固、完整，存于库房，使用前进行抽检；临时存放时应码放整齐，防止雨淋，避免日晒。

（2）盲管应采用切割机下料，两端应切割平整。

（3）无砂混凝土管外壁保护滤层回填之前要冲洗干净。回填时，选料级配要严格把关，确保厚度及设计粒径。

（4）当坝体排水孔采用预制无砂混凝土排水管时，达到设计强度后才能安装。做好管段接头的密封，施工中应有专人维护，管身不得淤堵、碰撞。

（5）岩基水平排水管（道）和岩基排水廊道的接头及与基岩面的接触处必须密合。接头密合连接前应将管（道）内清除干净，保证通畅。确保管外壁保护滤层冲洗干净，满足设计厚度及级配要求。

4.2.3 预埋铁件质量控制

（1）各类预埋铁件，应按图加工、分类堆放。

（2）各类预埋铁件，在埋设前，应将表面的锈皮、油污等清除干净。

（3）各种预埋铁件的规格、数量、高程、方位、埋入深度及外露长度等均应符合设计要求，检查预埋件中心线位置时，应沿纵、横两个方向量测，并取其中的较大值；对预埋件的外露长度，只允许有正偏差，不允许有负偏差。安装必须牢固可靠，精度应符合有关规程、标准的要求。当未作规定时，应按表 4-5 的规定控制。

表 4-5 预埋件埋设位置控制表

项　　目		允许偏差/mm
预埋钢板中心线位置		3
预埋管中心线位置		3
插　　筋	中心线位置	5
	外露长度	0，＋10
预埋螺栓	中心线位置	2
	外露长度	0，＋10

（4）所有焊缝没有特殊说明均采取满焊，并满足《水工混凝土钢筋施工规范》（DL/T 5169—2013）的要求。

（5）预埋件的受力锚筋与锚板呈 T 形垂直焊接时，当锚筋直径 $d<20mm$，宜采用压力埋弧焊，当 $d>20mm$，宜采取穿孔塞焊。受拉锚筋与锚板水平连接时，应采取双面角焊。

（6）埋件上所有不锈钢材料的焊接接头，必须使用相应的不锈钢焊条进行焊接。埋件所有工作面上的连接焊缝，应在安装工作完毕进行打磨。

（7）在混凝土浇筑过程中，各类埋设的铁件不应移位或松动。周围混凝土应振捣密实，施工中随时监测预埋件位移、变形情况，及时校正。

（8）安装螺栓或精度要求高的铁件，可采用样板固定，或采用二期混凝土施工方法。

（9）锚固在混凝土中的插筋，应遵守下列规定：

1）孔位置允许偏差：柱子的插筋不大于 2cm；钢筋网的插筋不大于 5cm。

2）孔底部的孔径以 $d_0＋20mm$ 为宜（d_0 为插筋直径）。

3）钻孔的倾斜度对设计轴线的偏差在全孔深度范围内不得超过 5%。

4）埋件插筋的焊接，宜采用埋弧压力焊。成批生产前应对焊件先做试验以确定工艺参数。焊接时每个焊工必须试焊三个接头，外观及强度检查合格后才可施焊。

5）插筋埋设后不得晃动，应在孔内砂浆强度达到 2.5MPa 后，方可进行下道工序。

（10）用于起重运输的吊钩或铁环，应经计算确定，必要时应做荷载试验。其材质应满足设计要求或采用未经冷处理的 HPB235 钢材加工。埋人的吊钩、铁环，在混凝土浇筑过程中，应有专人维护，防止移动或变形。待混凝土达到设计强度后，方可使用。

（11）各种爬梯、扶手及栏杆预埋铁件，埋人深度应符合设计要求。未经安全检查，不得启用。后置埋件施工时，必要时清孔可用干净棉布沾少量丙酮或酒精擦净孔壁，钻孔和填药应保证化学锚栓埋入深度，固化后对重要部位埋件进行拉拔试验。

（12）施工过程中必须由专职测量人员配合，并保证仪器的精度。

（13）按规定的质量标准，对预埋固定件进行质量检查，并做好预埋固定件的埋设竣工图及预埋固定件加工和安装的质量检查记录。

4.3　金属结构、机电一期埋件

4.3.1　水力机械埋件施工质量控制措施

水力机械施工在整个工程建设施工中占有较大比重，因此水力机械埋件施工的质量控制显得尤为重要，其每项单元工程分别按照管件制作，埋管安装、管路焊接及管路系统试验等分项进行检验。各分项按组成该系统的管路长度计算，每50m各检查两处，不足50m各检查一处的方式检验，具体检验部位由现场商定。对于工作压力在2.5MPa及以上的阀门及系统管路试验，必须逐项检验。其主要现场质量控制方法是：测量点布放、现场安装及试验、三检验收。

（1）测量点布放。

1）检查施工面是否具备开工布放测量基准点的条件；检查预埋设备基础或管路的安装方位及高程是否与土建主体结构有冲突；如有妨碍或具体冲突事实，需及时向工程监理和设计单位提出，并核实修改方案的可行性。

2）水力机械辅助设备安装对于设备及管路埋设的方位及高程要求比较严格的，在施工过程中所使用的光学水准仪、电子水准仪、全站仪、钢盘尺、框式水平仪等测量仪器必须定期到有资质的校验部门进行专业校验，合格后方能投入施工现场使用。

3）实行多级测量控制网，根据设备的施工要求，将布放的一级测量控制网加密延伸至二级控制网，从二级控制网确定水力机械埋件的中心、高程、水平定位基准线。

4）设备基础及管路埋设期间的测量准确性直接影响着埋件的安装质量，对于设备及管路施工控制点的放样，要做到准确、可靠，放样点的计算至少要经过两人以上核算，确认无误后方可放样施工。

5）施工过程中要根据土建的主要体型部位桩号及高程不断校核设备及管路的安装方位是否满足设计要求。若发现方位及高程有问题，需重新测量核实正确后方可继续施工，从而保证设备及管路埋设顺利进行。

6）水力机械安装一般性测量应符合下列要求：

A. 机组安装用的X、Y基准线标点及高程点，相对于厂房基准点的误差不应超过±1mm。

B. 各部位高程差的测量误差不应超过±0.5mm。

C. 水平测量误差不应超过0.02mm/m。

D. 中心测量所使用的钢丝线直径一般为0.3～0.4mm，其拉应力应不小于1200MPa。

E. 无论用何种方法测量机组中心或圆度，其测量误差一般应不大于0.05mm。

F. 应注意温度及海拔高程变化对测量精度的影响，测量时应根据现场温度和海拔的变化对测量数值进行修正。

（2）现场安装及试验。

1）发现设备外部有损伤或制造缺陷、包装损坏、本体损坏或零件遗失等情况时应及时上报监理工程师，核实批复后可将设备解体或补发，并作详细说明。

2）埋件焊接除了达到3.1.1（2）的要求外，还应符合下列要求：

A. 参加水力机械各部件焊接的焊工应按《焊工技术考核规程》（DL/T 679—2012）或制造厂规定的要求进行定期专项培训和考核，考试合格后持证上岗。

B. 所有焊接焊缝的长度和高度应符合图纸要求，焊接质量应按设计图纸要求进行检验。

C. 对于重要部件的焊接，应按焊接工艺评定后制定的焊接工艺程序或制造厂规定的焊接工艺规程进行。

3）施工过程的检查，还应符合下列要求：

A. 对于预埋的设备基础和管路加固情况及施工过程应进行观察、分析，对于测压系统管路的安装中，严禁使用割具及电焊切割管路，防止切割过程中残留物堵塞管路或测压设备，对切割完成的管理内壁清理干净，对齐坡口后再焊接。

B. 安装完成的管路需加固牢靠，防止因浇筑过程中混凝土对管路冲击造成断裂现象。并对下仓的预留管口进行封堵，防止浇筑过程中引起的堵塞。

C. 凡与设备连接的管道应单独设支架，尽量不用设备作为支点，尤其是不利用硬聚氯乙烯设备及塑料泵作为支点，以免造成设备变形开裂。

D. 塑料泵的基础应有足够的耐压性能和吸收水泵运转时可能发生的振动能力。基础螺钉的长度应为直径的 12 倍，尾部做成燕尾式。为防止吸潮，泵的基础应高出地面 150mm。

E. 设备支墩必须要养护至龄期，达到混凝土强度的 70％后才能承重，以免压坏。设备安装验收完毕后，方可浇筑基础座板及地角螺栓孔的二期混凝土。

F. 埋设管道的安装，是十分重要而又细致的工作。对于个别设备的尺寸大、重量重的设备，其运输安装及提前吊装布置往往摆置重要位置，应协调好与土建的交叉施工和安装工艺步骤。

G. 管道安装完毕后交付土建单位浇捣混凝土，在浇管道捣时应派专人监仓；混凝土的流通口不要对准管道，振捣器不得在管道附近振动，对于小直径管道要特别重视。

H. 加强过程管理，加强结构件的板材下料控制，确保板材下料准确，严格控制拼装质量确保拼缝间隙以减少焊接量而减少构件焊接变形；认真设计焊接施焊顺序及尽量形成对称施焊以减少焊接变形。

4）水力机械辅助设备基础及管路按照施工图纸安装完成后，对图纸及规范要求的管路如：水力量测系统管路、油系统管路、调速器管路、技术供水系统管路等均要进行相对应的压力试验。压力试验是考核管路严密性及强度的一种方法，对于有压力试验要求的管路必须做到每个仓号安装完成后进行耐压试验，其耐压结果要满足设计及规范要求。对试验过程中不满足要求的，必须查清原因并处理合格后，再试验直至试验合格。试验完成后排掉管路内试验用水，防止因试验用水结冰引起管路和设备冻裂。

（3）三检验收。

1）落实质量"三检制"，其程序为：各施工班组长和技术员自检合格后，由工程部技术人员负责复检，并填写安装记录表及各种验收资料，提交项目部质检人员或总工程师，由项目部负责终检，签写安装记录及验收资料，并提交监理工程师进行监理工程师验收。

2）验收是整个施工的最后一道工序，全面检查仓号内所埋管路或埋件是否齐全，安装方位、中心、高程及水平是否满足设计及规范要求，焊接质量是否满足规范要求，管路加固是否牢靠，预留管口封闭是否良好，压力试验是否满足设计及规范要求，待一切验收完成后，方可移交土建单位进行下步工序。

4.3.2 电气埋件施工的专项质量控制要点

（1）到货的设备、材料等应符合设计图纸的要求，并要有有效的合格证。

（2）埋件的制作应尽量在制作厂内完成，管道应减少焊接接缝。管道弯头的制造、采购应符合设计及规范要求。

（3）各种预埋件，在埋设前均应将其与混凝土接触的表面上的锈蚀、油渍、油漆清除干净。

（4）埋件在覆盖前均应加固牢靠，埋入的电缆管、铁板凳、地脚螺栓、锚筋等均应固定可靠，并搭接到混凝土钢筋上。

（5）预埋件的规格、数量、位置及埋入深度均应符合设计图的要求。

（6）焊缝长度及质量要求符合施工图的要求和规程规范的规定，焊缝处清理干净并加涂防腐涂料。

（7）管路、接地线经过沉降缝或伸缩缝时，按施工图要求采取过缝措施，以免被结构变形应力损坏。

（8）埋件安装必须有可靠的加固措施，以防止在外力的作用下埋件变位或撞裂焊缝，加固焊接不得破坏埋件结构。

5 安 全 管 控

5.1 钢筋制安

5.1.1 基本规定

（1）凡从事焊接与气割的工作人员，应熟知有关安全知识，并经过专业培训考核取得操作证，持证上岗。

（2）从事焊接与气割的工作人员应严格遵守各项规章制度，作业时不应擅离职守，进入岗位应该按规定穿戴劳动防护用品。

（3）焊接和气割的场所，应设有消防设施，并保证处于完好状态。焊工应熟练掌握其使用方法，能够正确使用。

（4）禁止在油漆未干的结构和其物体上进行焊接和切割。禁止在混凝土地面上直接进行切割。

（5）严禁在储存易燃易爆的液体、气体、车辆、容器等的库内从事焊接作业。

（6）在距焊接作业火源 10m 以内，在高空作业下方和火星所涉及范围内，应彻底清除有机灰尘、木材木屑、棉纱棉布、汽油、油漆等易燃物品。如有不能撤离的易燃物品，应采取可靠的安全措施隔绝火星与易燃物接触。

（7）在潮湿地方和箱形结构内作业时，焊工应穿干燥的工作服和绝缘胶鞋，身体不应与被焊接件接触，脚下应垫绝缘垫。

（8）严禁使用漏燃气的焊割炬、管、带，以防止逸出的可燃混合气体遇明火爆炸。

（9）焊接和气割的工作场所光线应保持充足。工作行灯电压不应超过 36V，在金属容器或潮湿地点工作行灯电压不应超过 12V。

（10）风力超过 5 级时禁止在露天进行焊接或气割。风力 5 级以下、3 级以上时搭设挡风屏，以防止火星飞溅引起火灾。

（11）离地面 1.5m 以上进行工作应设置脚手架或专用作业平台，并应设有 1m 高防护栏杆，脚下所用垫物要牢固可靠。

（12）工作结束后应拉下焊机闸刀，切断电源。对于气割（气焊）作业则应解除氧气、乙炔瓶（乙炔发生器）的工作状态。要仔细检查工作场地周围，确认无火源后方可离开现场。

（13）禁止通过使用管道、设备、容器、钢轨、脚手架、钢丝绳等作为临时接地线（接零线）的通路。

（14）高空焊接作业时，还应遵守下列规定：

1）高空焊接作业须设监护人，焊接电源开关应设在监护人近旁。

2）焊接作业坠落点场面上，至少 10m 以内不应存放可燃或易燃易爆物品。

3）高空焊接从业人员应戴好符合规定的安全帽，应使用符合标准规定的防火安全带，安全带应高挂低用，固定可靠。

4）露天下雪、下雨或有 5 级大风时严禁高处焊接作业。

5.1.2　焊接场地与设备

（1）焊接场地。

1）焊接与气割场地应通风良好（包括自然通风或机械通风），应采用措施避免作业人员直接呼吸到焊接操作所产生的烟气流。

2）焊接或气割场地应无火灾隐患。若需在禁火区内焊接、气割时，应办理动火审批手续，并落实安全措施后方可进行作业。

3）在室内或露天场地进行焊接工作，必要时应在周围设挡光屏，防止弧光伤眼。

4）焊接场所应保持干净，焊条和焊条头不应到处乱扔，应设置焊条头回收箱，焊把线应收放整齐。

（2）焊接设备。

1）电弧焊电源应有独立而容量足够的安全控制系统，如熔断器或自动断电装置、漏电保护装置等。控制装置应能可靠地切断设备最大额定电流。

2）电弧焊电源熔断器应单独设置，严禁两台或以上的电焊机共用一组熔断器，熔断丝应根据焊机工作的最大电流来选定，严禁使用其他金属丝代替。

3）焊接设备应设置在固定或移动式的工作台上，电弧焊机的金属机壳应有可靠的独立的保护接地或保护接零装置。焊机的结构应牢固和便于维修，各个接线点和连接件应接线牢靠且接触良好，不应出现松动或松脱现象。

4）电弧焊机所有带电的外露部分应有完好的隔离防护装置。焊机的接线桩、极板和接线端应有防护罩。

5）电焊把线应采用绝缘良好的橡皮软导线，其长度不应超过 50m。

6）焊接设备使用的空气开关、磁力启动器及熔断器等电气元件应装在木制开关板或绝缘性能良好的操作台上，严禁直接装在金属板上。

7）露天工作的焊机应设置在干燥和通风的场所，其下方应防潮且高于周围地面，上方应设棚遮盖和有防砸措施。

5.1.3　焊条电弧焊

（1）从事焊接工作时，应使用镶有滤光镜片的手柄式或头戴式面罩。护目镜和面罩遮光片的选择应符合《职业眼面部防护 焊接防护　第 2 部分：自动变光焊接滤光镜》（GB 3609.2—2009）的要求。

（2）清除焊渣、飞溅物时，应戴平光镜，并避免对着有人的方向敲打。

（3）电焊时所使用的凳子应用木板或其他绝缘材料制作。

（4）露天作业遇下雨时，应采取防雨措施，不应冒雨作业。

（5）在推入或拉开电源闸刀时，应戴干燥手套，另一只手不应按在焊机外壳上，推拉闸刀的瞬间面部不应正对闸刀。

（6）在管道内焊接时，应采取通风排烟尘措施，其内部温度不应超过 40℃，否则应实行轮换作业，或采取其他对人体的保护措施。

（7）在坑井或深沟内焊接时，应首先检查有无集聚可燃气体或一氧化碳气体，如有应排除并保持通风良好。必要时应采取通风排尘措施。

（8）电焊钳应完好无损，不应使用有缺陷的焊钳；更换焊条时，应戴干燥的帆布手套。

（9）工作时禁止将焊把线缠在、搭在身上或踏在脚下，当电焊机处于工作状态时，不应触摸导电部分。

（10）身体出汗或其他原因造成衣服潮湿时，不应靠在带电的焊件上施焊。

5.1.4 气焊与气割

（1）氧气、乙炔气瓶的搬运、储存应按照有关安全规定执行。

（2）氧气、乙炔气瓶的使用应遵守下列规定：

1）气瓶应放置在通风良好的场所，不应靠近热源和电器设备，与其他易燃易爆物品或火源的距离一般不应小于 10m（高处作业时是与垂直地面处的平行距离）。使用过程中，乙炔瓶应放置在通风良好的场所，与氧气瓶的距离不应小于 5m。

2）露天使用氧气、乙炔时，冬季应防止冻结，夏季应防止阳光直接曝晒。氧气、乙炔气瓶阀冬季冻结时，可用热水或水蒸气加热解冻，严禁用火焰烘烤和用钢材一类器具猛击，更不应猛拧减压表的调节螺丝，以防氧气、乙炔气大量冲出而造成事故。

3）氧气瓶严禁沾染油脂，检查气瓶口是否有漏气时可用肥皂水涂在瓶口上试验，严禁用烟头或明火试验。

4）开氧气、乙炔气瓶如果漏气应立即搬到室外，并远离火源。搬动时手不可接触气瓶嘴。

5）开氧气、乙炔气阀时，工作人员应站在阀门连接的侧面，并缓慢开放，不应面对减压表，以防发生意外事故。使用完毕后应立即将瓶嘴的保护罩旋紧。

6）氧气瓶中的氧气不允许全部用完至少应留有 0.1～0.2MPa 的剩余压力，乙炔瓶内气体也不应用尽，应保持 0.05MPa 的余压。

7）乙炔瓶在使用、运输和储存时，环境温度不宜超过 40℃；超过时应采取有效的降温措施。

8）乙炔瓶应保持直立放置，使用时要注意固定，并应有防止倾倒的措施，严禁卧放使用。

9）工作地点不固定且移动较频繁时，应装在专用小车上；同时使用乙炔瓶和氧气瓶时，应保持一定安全距离。

10）严禁铜、银、汞等及其制品与乙炔产生接触，使用铜合金器具时含铜量应低于 70%。

11）氧气、乙炔气瓶在使用过程中应按照有关安全规定定期检验。过期、未检验的气瓶严禁继续使用。

（3）回火防止器的使用应遵守下列规定：

1）应采用干式回火防止器。

2）回火防止器应垂直放置，其工作压力与使用压力相适应。

3）干式回火防止器的阻火元件应经常清洗以保持气路畅通；多次回火后，应更换阻火元件。

4）一个回火防止器应只供一把割炬或焊炬使用，不应合用。当一个乙炔发生器向多个割炬或焊炬供气时，除应装总的回火防止器外，每个工作岗位都须安装岗位式回火防止器。

5）禁止使用无水封、漏气的、逆止阀失灵的回火防止器。

6）回火防止器应经常清除污物防止堵塞，以免失去安全作用。

7）回火器上防爆膜（胶皮或铝合金片）被回火气体冲破后，应按原规格更换，严禁用其他非标准材料代替。

（4）减压器（氧气表、乙炔表）的使用应遵守下列规定：

1）严禁使用不完整或损坏的减压器。冬季减压器易冻结，应采用热水或蒸气解冻，严禁用火烤，每只减压器只准用于一种气体。

2）减压器内，氧气、乙炔瓶嘴中不应有灰尘、水分或油脂，打开瓶阀时，不应站在减压阀方向，以免被气体或减压器脱扣而冲击伤人。

3）工作完毕后应先将减压器的调整顶针拧松直至弹簧分开为止，再关氧气、乙炔瓶阀，放尽管中余气后方可取下减压器。

4）当氧气、乙炔管减压器自动燃烧或减压器出现故障，应迅速将氧气瓶的气阀关闭。然后再关乙炔气瓶的气阀。

（5）使用橡胶软管应遵守下列规定：

1）氧气胶管为红色，严禁将氧气管接在焊、割炬的乙炔气进口上使用。

2）胶管长度不应小于 10m，以 15～20m 为宜。

3）胶管的连接处应用卡子或铁丝扎紧，铁丝的丝头应绑牢在工具嘴头方向，以防止被气体崩脱伤人。

4）工作时胶管不应沾染油脂或触及高温金属和导电线。

5）禁止将重物压在胶管上，不应将胶管横跨铁路或公路，如需跨越应有安全保护措施。胶管内有积水时，在未吹尽前不应使用。

6）胶管如有鼓包、裂纹、漏气现象，不应采用贴补或包缠的办法处理，应切除或更新。

7）若发现胶管接头脱落或着火时，应迅速关闭供气阀，不应用手弯折胶管等待处理。

8）严禁将使用中的橡胶软管缠在身上，以防发生意外起火引起烧伤。

（6）焊割炬的使用应遵守下列规定：

1）工作前应检查焊、割枪各连接处的严密性及其嘴子有无堵塞现象，禁止用纯铜丝（紫铜）清理嘴孔。

2）焊、割枪点火前应检查其喷射能力，是否漏气。同时，检查焊嘴和割嘴是否畅通；无喷射能力不应使用，应及时修理。

3）不应使用小焊枪焊接较厚的金属，也不应用小嘴子割枪切割较厚的金属。

4）严禁在氧气和乙炔阀门同时开启时用手或其他物体堵住焊、割枪嘴子的出气口，以防止氧气倒流入乙炔管或气瓶而引起爆炸。

5）焊、割枪内外部及送气管内均不允许沾染油脂，以防止氧气遇到油类燃烧爆炸。

6）焊、割枪严禁对人点火，严禁将燃烧着的焊炬随意摆放，用毕及时熄火灭焰。

7）焊、割炬点火时须先开氧气，再开乙炔，点燃后再调节火焰；遇不能点燃而出现爆声时应立即关闭阀门进行检查和通畅嘴子后再点，严禁强行硬点以防爆炸。焊、割时间过久，枪嘴发烫出现连续爆破声并有停火现象时，应立即关闭乙炔再关闭氧气，将枪嘴浸冷水疏通后再点燃工作，作业完毕熄火后应将枪吊挂或侧放，禁止将枪嘴对着地面摆放，以免引起阻塞而再用时发生回火爆炸。

8）阀门不灵活、关闭不严或手柄破损的一律不应使用。

9）工作人员应配戴有色眼镜，以防飞溅火花灼伤眼睛。

5.1.5 钢筋加工、运输、连接、绑扎

（1）钢筋加工应遵守下列规定：

1）钢筋加工场地应平整，操作平台应稳定，照明灯具应加盖网罩。

2）使用机械调直、切割、弯曲钢筋时，应遵守机械设备安全技术操作规程。

3）切断钢筋，不应超过机械的额定能力，切断低合金钢或特种钢筋，应用高硬度刀具。

4）机械弯曲时，应根据钢筋规格选用合适的板柱和挡板。

5）调换刀具、扳柱、挡板或检查机器时，应关闭电源。

6）操作台上的铁屑应及时清除，应在停车后用专用刷子清除，不应用手抹或口吹。

7）冷拉钢筋的卷扬机前，应设置防护挡板，没有挡板时，卷扬机与冷拉方向应布置成90°，并采用封闭式导向轮。操作者应站在防护挡板的后面。

8）冷拉时，沿线两侧各2m范围为特别危险区，人员和车辆不应进入。

9）人工铰磨拉直，不应用胸部或腹部去推动铰架杆。

10）冷拉钢筋前，应检查卷扬机的机械情况、电气绝缘情况、各固定部位的可靠性和夹钳及钢丝绳的磨损情况，如不符合要求，应及时处理和更换。

11）冷拉钢筋时，夹具应夹牢，并应露出足够长度，以防钢筋脱出或崩断伤人。冷拉直径20mm以上的钢筋应在专设的地槽内进行，不应在地面进行。机械转运的部分应设防护罩。非作业人员不应进入工作场地。

12）在冷拉过程中，如出现钢筋脱出夹具、产生裂纹或发生断裂情况时，应立即停车。

13）钢筋除锈时，应采取新工艺、新技术，并在应采取防尘措施或配戴个人防护用品：防尘面具或口罩。

（2）钢筋连接应遵守下列规定：

1）电焊焊接应遵守下列规定：

A. 对焊机应指定专人负责，非操作人员严禁操作。

B. 电焊焊接人员在操作时，应站在所焊接头的两侧，以防焊花伤人。

C. 电焊焊接现场应注意防火,并应配备足够的消防器材。特别是高仓位及栈桥上进行焊接或气割,应有防止火花下落的安全措施。

D. 配合电焊作业的人员应戴有色眼镜和防护手套。焊接时不应用手直接接触钢筋。

2)气压焊焊接应遵守下列规定:

A. 气压焊的火焰工具、设施,使用和操作应参照气焊的有关规定执行。

B. 气压焊作业现场应设置作业平台,脚手架应牢固,并设有防护栏杆,上下层交叉作业时,应有防护措施。

C. 气压焊油泵、油压表、油管和顶压油缸等整个液压系统各连接处不应漏油,应采取措施防止因油管爆裂而喷出油雾,引起燃烧或爆炸。

D. 气压焊操作人员应配戴防护眼镜;高空作业时,应系安全带。

E. 工作完毕,应把全部气压焊设备、设施妥善安置,防止留下安全隐患。

3)机械连接应遵守下列规定:

A. 在操作镦头机时严禁戴长巾、留长发。

B. 开机前应对滚头机的滑块、滚轮卡坐、导轨、减速机构及滑动部分进行检查并加注润滑油。

C. 镦头机设备应接地,线路的绝缘应良好,且接地电阻不应大于 4Ω。

D. 使用热镦头机应遵守以下规定:压头、压模不应松动,油池中的润滑油面应保持规定高度,确保凸轮充分润滑。压丝扣不应调解过量,调解后应用短钢筋头试镦。操作时,与压模之间保持 10cm 以上的安全距离。工作中螺栓松动需停机紧固。

E. 使用冷镦头机应遵守下列规定:工作中应保持冷水畅通,水温不应超过 4°。发现电极不平,卡具不紧,应及时调整更换;搬运钢筋时应防止受伤害;作业后应关闭水源阀门;冬季宜将冷却水放出,并且吹净冷却水防止阀门冻裂。

(3)钢筋搬动应遵守下列规定:

1)搬运钢筋时,应注意周围环境,以免碰伤其他从业人员。多人抬动时,应用同一侧肩膀,步调一致,上、下肩应轻 5 起轻放,不应投掷。

2)由低处向高处(2m 以上)人力传送钢筋时,宜每次转送一根。多根一起传送时,应捆扎结实,并用绳子扣牢提吊。传送人员不应站在所送钢筋的垂直下方。

3)吊运钢筋应绑扎牢固,并设稳绳。钢筋不应与其他物件混吊。吊运中不应在施工人员上方回转和通过,应防止钢筋弯钩钩人,钩物或掉落,吊运钢筋网或钢筋构件前,应检查焊接或绑扎的各个节点,如有松动或漏焊,应经处理合格后方可吊运。起吊时,施工人员应与所吊钢筋保持足够的安全距离。

4)吊运钢筋时,应防止碰撞电线,两者之间应有足够的安全距离。施工过程中,应避免钢筋与电线或焊线相碰。

5)用车辆运输钢筋时,钢筋与车身绑扎牢固,防止运输时钢筋滑落。

6)施工现场的交通要道,不应堆放钢筋。需在脚手架或平台存放钢筋时,不应超载。

(4)钢筋绑扎应遵守下列规定:

1)钢筋绑扎前,应检查附近是否有照明、动力线路和电气设备。如有带电物体触及钢筋,应通知电工拆迁或设法隔离物;对变形较大的钢筋在调直时,高仓位、边缘处应系安全带。

2）在高处、深坑绑扎钢筋和安装骨架，应搭设脚手架和马道。

3）在陡坡及临空面绑扎钢筋时，应待模板立好，并与埋筋拉牢后进行，且应设置牢固的支架。

4）绑扎钢筋和安装骨架，遇有模板支架、拉杆及预埋件等障碍物时，不应擅自拆除、割断。应拆除时，应取得施工负责人的同意。

5）起吊钢筋骨架，下方严禁站人，应等骨架降落到离就位点1m以内，才可靠近。就位并加固后方可摘钩。

6）绑扎钢筋的铅丝头，应弯向模板面。

7）严禁在未焊牢的钢筋上行走。在已绑好的钢筋架上行走时，宜铺设脚手板。

5.2　土建预埋件、金属结构、机电一期埋件施工

（1）编制施工安全技术措施计划并组织实施，对全体员工进行自上而下的安全技术交底。

（2）现场配置专职安全员随时检查施工现场安全生产状况，及时检查施工机械、施工设备的运行状况。

（3）施工人员佩戴安全防护用品，高空作业佩带安全带，防止现场高空坠落。

（4）所有施工人员持证上岗，特种作业人员必须有相关岗位操作证。

（5）严格遵守安全生产管理制度，层层落实到各部门和施工人员，生产过程中认真检查。

（6）脚手架、防护棚的搭设要牢靠，必要的临时平台设置爬梯、防护栏等。施工现场配置足量的消防器材，安全生产注意防止火灾。

（7）大件吊装实行大件吊装作业程序，设备运输，吊装现场由专人统一指挥作业，并配合必需的专职安全监督人员。

（8）吊运各种预埋件及止水、止浆片时，应绑扎牢靠，防止在吊运过程中滑落。

（9）所有预埋件的安装应牢固、稳定，以防脱落。

（10）焊接止水、止浆片时，应遵守焊接的有关安全技术操作规程。

（11）雨季注意施工用电安全，在工作部位采取防雨措施。

（12）安全生产，文明施工，做到人走场清。